环球一甲子 岁月览征程

——刘嘉麒院士从事地质工作六十年掠影

郭正府 主编

科学出版社

北京

内 容 简 介

刘嘉麒院士是我国著名的火山地质学家、第四纪地质学家。2021年正值刘院士从事地质工作六十周年之际。六十年一甲子，刘院士勇攀科学高峰、带领中国火山研究走向世界、让公众认识科学。为进一步了解和弘扬刘嘉麒院士的业绩和学术思想，刘院士的同学、好友、学生纷纷回忆了与他一起学习、工作、生活的种种过往。纪念文册编录收集了39篇文稿，作者包括林学钰院士等在内的多位国内地学界院士，与刘院士在吉林大学、中国科学院等单位共同学习生活的老友，以及众多学生等。本书共分为四个部分，包括刘嘉麒院士生活工作掠影、曾经共事的同事、部分学生的纪念文稿以及附录（包括刘院士主要社会任职、获奖情况以及指导的研究生简表）。

本书可作为地学专业大学生、研究生、科研人员以及科学爱好者的参考书或业余读物，可供科学史研究者参阅。

图书在版编目（CIP）数据

环球一甲子　岁月览征程：刘嘉麒院士从事地质工作六十年掠影／郭正府主编.—北京：科学出版社，2021.5
　　ISBN 978-7-03-068708-1

Ⅰ.①环… Ⅱ.①郭… Ⅲ.①地质学—文集 Ⅳ.①P5

中国版本图书馆CIP数据核字（2021）第080012号

责任编辑：韩　鹏　张井飞／责任校对：王　瑞
责任印制：吴兆东／封面设计：图阅盛世

科 学 出 版 社 出版
北京东黄城根北街16号
邮政编码：100717
http://www.sciencep.com

北京中科印刷有限公司 印刷
科学出版社发行　各地新华书店经销
*

2021年 5 月第 一 版　开本：787×1092　1/16
2021年11月第二次印刷　印张：14
字数：223 000
定价：198.00元
（如有印装质量问题，我社负责调换）

■ 刘嘉麒院士

1	
2	3
4	5

1 1959 年 5 月 31 日姊弟 4 人与母亲合影

2 1988 年 8 月母亲去世时姊弟合影

3 1985 年与夫人合影

4 1984 年出国时在北京机场与家人合影

5 2012 年 6 月 22 日与夫人（左）、女儿（右）及外孙女（中）在一起

1	2
3	4

1 1953年与小学5年级同学李洪海
（中）、杜怀山（右）合影

2 1959年高中二年级照片

3 1957年5月30日与初三同学贾崇
智（左）合影

4 1959年5月9日高二同学合影

1	2
3	

1 1963 年大学三年级照片

2 1966 年长春地质学院 65 级研究生合影。后
   排：张振清、王允鹏、赵泉鸿、张汉文，前排：
   刘祥、刘嘉麒、程伟雪、李汉杰（左至右）

3 1965 年 8 月长春地质学院 1607 班全体毕业
   合影

1	
2	3

■ 2014 年生日聚会

■ 2009 年 6 月 3 日江东辉、路玉林博士学
位论文答辩

■ 2017 年 12 月 3 日鄂莫岚研究员的研究生
与其一起度假过生日

1	
2	3
4	

1 1978 年 9 月 28 日吉林冶金勘探公司领导和同事欢送刘嘉麒考取中科院研究生

2 1980 年在五大连池火山区进行地质考察

3 1981 年陪同加拿大约克教授访问地质所和周口店猿人遗址

4 1981 年中科院地质所 1978、1979 两届研究生与所领导及导师合影

1	2
3	4
	5

1 1985 年在新疆地理所工作

2 1986 年在新疆和田考察

3 1987 年 7 月与买买提·依明一起在西昆仑山考察

4 2000 年 7 月在珠峰脚下绒布寺

5 1987 年与韩家懋、巴特尔、顾兆炎一起陪同比利时帕普教授一行赴黄土高原、黄河考察

1 1984 年在美国地质调查所实验室工作
（门罗帕克）

2 1992 年在英国留学期间参观伦敦大本钟

3 1996 年访问德国地球科学中心（GFZ）

1	2
3	

1 1997 年 9 月访问比利时布鲁塞尔自由大学
2 1998 年 6 月访问法国
3 2000 年 4 月在日本仙台东北大学访问期间
　瞻仰鲁迅雕像

1
2	3

1 2000 年举办 "纪念侯德封先生诞辰 100 周年" 庆典

2 1986 年获首届侯德封奖领奖

3 1995 年 10 月任中科院地质所所长

1 1998 年参观南非好望角
2 1998 年考察留尼旺岛富尔奈斯火山
3 2006 年 9 月 21 日考察北爱尔兰北海海岸玄武岩节理（Causeway）
4 2000 年 10 月在印尼巴厘岛出席国际火山学大会期间在海边游泳

1	2
3	4

	1	
2		3
4		

■1 1999 年在南非德班访问土著村寨

■2 1997 年与德国 GFZ 合作在湖光岩打钻，与内根达克教授在现场

■3 2000 年 7 月从樟木出境去尼泊尔

■4 2002 年在朝鲜正日峰考察

1 2005 年 2 月 1 日雷州半岛考察

2 2000 年 9 月带研究生在新疆南疆考察

3 2006 年 9 月 2 日与学生及边防战士一起考察长白山望天鹅

4 2008 年与秦小光、吕厚远在罗布泊考察

5 2015 年 8 月 11 日在长白山火山进行野外地质考察

1	2
3	
4	5

1	2
	3
	4

1 2007 年考察日本富士山

2 2009 年 9 月考察西西里岛埃特纳（Etna）火山

3 2007 年在埃塞俄比亚东非大裂谷考察

4 2007 年 7 月 24 日在澳大利亚考察

1	2
3	
4	

1 1993 年 4 月与刘东生先生一起首访台湾

2 2003 年 7 月 21 日参观纽约联合国总部

3 2006 年 7 月 21 日访问位于伊尔库茨克的俄罗斯科学院西伯利亚分院

4 2007 年 7 月 21 日出席 17 届 INQUA 大会时访问悉尼。

■ 2006 年与导师刘东生院士（左）、师母胡长康教授（中）一起出席 13 届院士大会

■ 2006 年中科院地学部院士合影

"10000个科学难题"天文学和地球科学领域编辑委员会第一次会议

2009.3.17

1	2
3	

1. 2004年6月6日中科院12次院士大会期间与刘东生、陈梦熊、叶连俊、李星学四位老先生合影
2. 2013年7月4日看望钱正英院士
3. 2009年3月17日"10000个科学难题"天文学和地球科学领域编委会第一次会议合影

■ 2012 年 6 月 17 日吉林大学长白山研究中心挂牌暨 "长白山火山活动：过去与未来" 学术研讨会

■ 2006 年 10 月 10 日出席全国第四纪科学大会部分代表合影

1	2
3	4
5	

■1 2014 年 10 月 24 日出席中国首届科普电影文化周（展）开幕式并致辞

■2 2014 年 10 月 24 日与著名演员于蓝（左）、田华（右）一起出席首届科普电影文化周（展）

■3 2016 年 12 月 30 日科学传播十大人物

■4 2020 年 11 月 26 日 为中关村三小学生做科普

■5 2014 年 10 月 14 日作为中国科普作家协会理事长出席全国科普作家协会工作座谈会暨协
会六届三次理事会

1	2
	3

1 2008 年在澳门科大演讲

2 2018 年 1 月 17 日受聘于河北地大特聘教授（左
至右：南振兴副书记、王凤鸣校长、刘嘉麒、徐
备教授、张小平副校长

3 2015 年 11 月中国科学院大学"第四纪地质与环境"
研究生课程结课师生合影

■1 2017 年 2 月与储国强、伍婧一起访问以色列，在死海考察

■2 2014 年欢迎乌克兰科学院材料研究所副所长一行访华

■3 2018 年 6 月 3 日在缅甸出席会议

<table>
<tr><td>1</td><td>2</td></tr>
<tr><td colspan="2">3</td></tr>
</table>

1 2019 年 6 月在四川广安建立院士工作站，重点发展玄武岩新材料

2 2014 年考察山西巴塞奥特玄武岩纤维生产车间

3 2015 年 3 月 12 日赴俄罗斯进行玄武岩材料考察

1	2
3	

1 2009 年出席国庆 60 年大典观礼

2 2015 年 9 月 3 日参加反法西斯战争胜利 70 周年阅兵观礼活动

3 2019 年 10 月 1 日出席国庆 70 周年观礼活动

艰难困苦　玉汝于成

——回望远去的身影

（自序）

时光荏苒，岁月如梭。不知不觉我已从始龀娃娃变成伞寿老人，从山沟里无知的孩童成为地质学家……。"当其欣于所遇，暂得于己，快然自足，不知老之将至"，王羲之当年在兰亭序中抒发的感慨，我也有同感。

人在年轻时要思考如何度过自己的一生，老了往往要回顾自己是怎么度过的一生。然而，时光流逝不复返，人生不可复制，远去的身影能否留下？这是每个人自觉不自觉都要思考的问题。回头看人生，理想是航向标，没有理想就等于没有灵魂。所以，人生要立志，立志先做人。从懂事起，做事就要有目标：小目标、大目标、近目标、远目标。核心是不能虚度年华，要让人生有价值。

回顾过去的80年，我在旧中国生，新中国长。经历了旧社会的苦难和战乱，感受了新中国的天翻地覆，惊世变迁。从事地质工作60载，考察了全国的省、自治区、直辖市和香港、澳门，跑遍了全球的七大洲、四大洋，高山上留有身影，大地上印有脚印，用脚步丈量了地球。走过的路，经过的事，吃过的苦，无法用数字表达，仅概括为"艰难困苦，玉汝于成"。

一、漫漫求学路　茫茫释人生

人生往往像屈原所说的："路漫漫其修远兮，吾将上下而求索"。我于1941年5月出生在辽宁省安东（现为丹东）市的一个普通市民家庭，在鸭绿江边度过童年。5岁时全家回到故乡辽宁省北镇县（现为北镇市），定居在医巫闾山脚下的石佛寺，父辈靠务农养家。1948年末，辽沈战役结束，家乡解放了，次年，我第一次进入村里小学读书。学校就在石佛寺的庙堂里，距家西沟有3里多远，每天步行走山路上学。刚读完一年级，1950年夏季，49岁的父亲因病去世，母亲带领我们姊弟4人，大姐才13岁，全家生活陷入困境，母亲硬是咬紧牙关，没让我辍学。读完小学四年级，需要到县城广宁镇实验完小读五、六年级；1954年，完小毕业后考入县第二中学。

1957年初中毕业时，正值全国号召中学生毕业回乡务农，高中招生紧缩，我们班58名同学仅有6人考上高中，我幸运在其中。高中时，完全走读，从石佛寺到北镇高中（当时全县唯一的一所高中）约18里（9公里）路，需要走2小时左右，每天都要起早贪黑，冬季几乎全是摸黑走，赶上天气不好就更难了。我顽强地坚持3年，高中毕业时，是全校仅有的3名全优毕业生之一。考大学，我遇到了人生第一个抉择：报考什么学校？为了不给家里增添负担，就按母亲的"指示"："哪个学校不要钱或少花钱就考哪个学校"，我报考了实行"五包"（食、宿、学、书、医费）的长春地质学院，并考取了。由此便开始了我一辈子搞地质的生涯。

1960年入大学不久，在学校遇到的最大难题是吃不饱，主食定量不足，副食没有油水，早餐搭着几根咸菜喝一碗玉米面糊糊，第二节课时肚子就饿得"叫唤"了，有的同学忍受不了饥饿就不去上课，甚至退学回家。我是在农村长大的，在家吃的苦比在学校吃的还多，学校生活再苦也比家强，即使挨饿也坚持上课，坚持求学，几年过去了，学习一直很好。到1965年毕业前，学校从1000多名毕业生中选拔优秀者报考研究生，我荣幸地被选拔上，并最终考取，成为本校当年被录取的8名研究生之一。

1968年末分配到辽宁营口地质队，接受工人阶级再教育，主要就是跟工人一起干活，变脑力劳动为体力劳动，这对于从小就在农村干各种活的我来说不算什么，很快就与工人打成一片，只是感到念那么多的书是否白念了……？我没有因一时的倾向而迷茫，在劳动之余坚持专业研究，相信所学的东西会有用场。1973年被调到吉林冶金地质勘探公司研究所，任同位素地质研究室主任，负责建成当时冶金部第二个同位素实验室，开展了钾–氩年龄测定和氧、硫同位素分析，专业知识开始发挥作用，但因知识断层比较明显，需要尽快弥补。

1978 年，国家恢复研究生招生。这时我已 37 岁，成家立业，并已成为单位的业务骨干。是安于现状还是求学深造？人生又面临抉择。经再三思考，我决心背水一战，再考研究生，并从长春奔向北京。经过初试和复试，我幸运地被录取，成为中国科学院地质研究所所长侯德封先生的研究生。

我一人到北京求学，先是在租借北京林学院校园一角的中国科技大学研究生院集中上课学习，后回到研究所做学位论文。当时的生活条件、工作条件都比较差，在研究生院是 8 个人挤在一间房子里，到研究所住的是地震棚，房子既不保暖，也不隔音，没有暖气，没有空调，没有厨房，没有卫生间，冬冷夏热，苍蝇蚊子到处飞，老鼠满屋串，一住就是 8 年，生活的艰难可想而知。但已经快到不惑之年的我，并没有被困难吓倒，反而激励自己努力奋斗，把 40 岁当作 30 岁过，让青春再回来。和生活上的难度相比，学习的难度更大，除了基础课和专业课，最难的是外语。我入学之前学的是俄语，也学点德语和日语，就是没学过英语，但入学后必须要学英语，且要按第一外语的要求学习。于是我被编入英语扫盲班（丙班），从 ABC 开始，一个学期就得通过大学本科英语，最后与英语科班的同学一样（一份卷子）通过过关考试，这对于快 40 岁的我来说比学什么都难。然而没有退路，硬是拼命地背单词，学语法……，通过了过关考试，也为后来出国，自主地进行国际学术交流打下了基础。回想当时，如果研究生院不那么严格要求，英语不过关，后来就不可能走遍世界，访问近 50 个国家。

1981 年，我以优秀成绩通过了学位论文答辩，获得了硕士学位。紧接着，又考取了刘东生先生的博士研究生。在读博期间，1984 年被派到新疆进行支边工作，主要负责建立中国科学院新疆地理研究所放射性碳同位素测年实验室。我带着所有能带的资料和工具，独自前往乌鲁木齐，一干就是三年。建成了新疆第一个放射性碳同位素测年实验室，也完成了博士学位论文。1986 年，我的博士论文《论中国东北新生代火山活动与大陆裂谷系——火山岩地质年代学与地球化学方面证据》作为优异的研究成果被中国矿物岩石地球化学学会授予首届"侯德封地球化学奖"；1990 年，又被国家教委和国务院学位委员会评为"做出突出贡献的中国博士学位获得者"。

"吾生也有涯，而知也无涯"。细算起来，从小学、中学、大学到三读（考）研究生，我的学生生涯长达27年半之久，占据了我的很长人生。读书能改变人生，人生需要受教育，小学是基础，中学是关键，大学是提高，研究生是深造，一步一个脚印，一步一个攀登。每前进一步的背后都凝聚着亲人朋友、同学同事的关心、支持与教诲。在此，我衷心感谢各个时期，各个学校，各个学科的老师，特别是四位研究生导师：穆克敏教授、侯德封院士、刘东生院士、鄂莫岚研究员，感谢他们的谆谆教导和殷切培养，一辈子能遇上个好老师，是人生的莫大幸事；同时，我也"少年乐新知，衰暮思故友"，深切怀念所有的同学，那"恰同学少年，风华正茂……"的情景，令人留恋，令人激荡。友谊是宝，品格是金。师生情，同学情，是人间最真挚的情谊，是人生最宝贵的精神财富。

二、登峰闯极走天下

地质工作以天地为己任，山川做课堂，揭宇宙之奥秘，探地下之宝藏。这就必须与大自然打交道，必须进行广泛的野外考察和地质调查。离开了野外调查，地质工作就成了无源之水、无本之木。"坐看芳草路，回忆故山村"。六十多年来，我跑遍了祖国的山山水水，城镇村庄，从黑龙江到海南岛，从喀喇昆仑到东海之滨，全国所有的省、自治区、直辖市和香港、澳门都留下了足迹。中国有着丰富多彩的地貌景观和无与伦比的地质遗迹，是地球科学的天堂，是大自然的宝库。我依长白山长大，也以长白山为事业奠基；从东北到新疆，大片的国土囊括了高山峻岭、火山冰川、沙漠黄土、湖泊平原，有荒山野岭，有宝贵资源，不同的地质载体，提供了不同的课题，最精彩的要数青藏高原，它不仅是世界屋脊，更是地质遗迹的天然博物馆，是地球科学创新的摇篮。职业生涯使我有机会多次闯荡长白山、大小兴安岭、东西昆仑、可可西里……，到过许多人迹罕至的地方，发现许多未知的火山、地质遗迹和地质现象，采集了许多宝贵的样品，掌握了许多第一手资料，有些样品和资料至今仍绝无仅有，这为科学创新打下了有利基础。

科学无国界，地球科学更是如此，许多科学问题和科学理论的提出或建立，不像数理化科学那样，只要理论推导和实验验证成立即可确立，而是要在其他地方能够找到例证和验证方可确立。仅在一个地区，甚至一个国家都很有局限性，这又促使地球科学必须重视调查研究，重视实践，要有开阔视野，要有全球观念。我有幸参与了南北极的科学考察研究，两去南极，三进北极，访问了近50个国家，与日、朝、韩、俄、缅、以、德、意、比、英、法、美、加、墨、新等国有长期广泛的合作。印象最深的有，与美国地质调查局合作，对美国西、中部近10个州及夏威夷群岛的考察，实地观察了圣海伦斯火山和夏威夷火山喷发的情景，考察了黄石火山潜在的危险，并在那里先进的同位素定年实验室测定了中国年轻的火山岩年龄；东北亚、西伯利亚和远东勘察加半岛的考察，把中国、俄罗斯、朝鲜、韩国、日本涉及东亚地区的地质问题密切地联系在一起，从全球的角度探讨板块作用；东非大裂谷是当今全球构造活动最活跃的地方，它与青藏高原遥相呼应，一个凹陷，一个隆升，成为地球演化的主角。人类是一个命运共同体，地球更是一个命运共同体，要解决大地质问题，必须从全球考虑。

在与大自然打交道过程中，难免遭受大自然的洗礼和考验。当年，在交通条件、通信条件都很差的情况下，只能听天由命。跋山涉水，风餐露宿是常态，警惕野兽、注意安全，时刻不能马虎。特殊环境要特殊对待，比如，新疆是著名的瓜果之乡，跑野外吃剩下的西瓜皮不能随便乱扔，要把它扣放在路旁，万一有缺吃少喝的过路人，可用它充饥、救命。乘船去南极，在大洋风浪中晕船的难受滋味，在青藏高原难以避免的高原反应，在西昆仑被洪水冲走的险境，在埃塞俄比亚冒着40多度高温考察，在印度尼西亚喀拉喀托赶上地震、火山喷发的情景……，令我终生难忘。风险和危险往往在不经意的情况下发生，来得突然，缺乏准备，这时人最需要的是意志、毅力和应变能力。

人在大自然面前是渺小的，要尊重自然，熟悉自然，适应自然。在自然的陶冶下，人能变得聪明，变得坚强。

三、开拓创新　学以致用

有志不在年高，无志空活百岁。青春是人生最宝贵时光，奋进要从青少年做起。在打好专业基础，练就一定本事的同时，要努力创新。创新是科学的灵魂，是事业的灵魂。创新的意识就是要标新立异、"无中生有"，做别人没做过或没做好的事。要选择一个方向，占领一个领域，掌握一种手段，解决一个问题。

"一个人的净价值是他在同行中获得尊敬的总和。"20 世纪七八十年代，我国的科技水平还比较落后，在一些高精尖领域更是困难重重。我的科研生涯一开始就投入到了比较生僻的同位素年代学和地球化学领域，负责建成了吉林冶金地质勘探公司研究所同位素实验室、新疆第一个放射性碳定年实验室，改进了中国科学院地质研究所钾氩（稀释法）定年实验室；完成了"阿波罗号"月岩样品（是欧阳自远先生从美国获取的）的硫同位素分析，率先成功地进行了年轻火山岩的钾氩法定年、湖泊沉积物铀系定年、黄土的热释光定年、^{14}C 定年，建立了黄土剖面 15 万年来高分辨率的时间标尺。这其中有些数据经受了美国地质调查局和澳大利亚国立大学权威实验室的检验，这在当时的技术环境下是很不容易的。这些数据和成果已被国内外同行广泛认可和采纳，成为历史性档案资料。

丰富可靠的资料、数据为理论深化与创新奠定了基础。首先建立了中国东部地区新生代火山活动的主要活动期和火山幕，确立了东亚大陆裂谷系，揭示了火山的岩石地球化学特征和活动规律；青藏高原火山活动与高原隆升的密切相关，把中国的火山研究提高到国际前沿水平。紧接着又将火山活动与气候变迁紧密地联系在一起，提出构造气候旋回的新观点，强调火山活动是引起气候变迁的重要因素；在中国发现确立一批玛珥湖，为玛珥湖命名，开拓了玛珥湖高分辨率古气候研究的新领域，赢得了国际玛珥会议在中国的举办权。在黄土研究方面，与同事一起最早发现黄土中游离的 CO_2、CH_4 等温室气体高异常，表明黄土在调节 CO_2 平衡和全球变化研究中具特殊意义。

科学的最后落脚点是推动社会的进步，造福于人类。这就需要学以致用，理论联系实际，创新促进创业，把知识变成财富。最有价值的是非常规的火山岩型油气藏的确立与开发，以往都把火山岩、火成岩看成油气勘探的禁区，但研究表明，只要具备合适的地质条件，火山岩也可以成为储层，形成油气藏和油气田。奔着这样的目标，使火山岩从过去寻找油气藏的禁区变为靶区，开辟了油气勘探的新领域。我们的研究为火山岩型油气藏的理论与应用提供了强有力的科学支撑。

我这一生曾花很多时间很大精力研究玄武岩，它是地球表面分布最广的一种岩石。然而，它的利用价值一直比较低廉。现在这种岩石可以拉丝，做成纤维和岩棉，再进一步加工复合，制成各种用品，具有非常好的性能和用途，在某些领域可以代替钢铁或碳纤维等其他材料，可以形成广大的产业链，是21世纪被看好的新型绿色材料。我和我的同事多年对玄武岩研究的积累和岩石物理化学的理论基础，刚好是发展这项新产业所短缺所必须的。我们也为这项新产业的建立与发展给予了大力支持与指导。研究了大半辈子的玄武岩终于有了更高的价值和用场。

我和我的同事及学生们对于火山学的研究，除了重视基础理论，重视应用，也重视火山资源的保护与开发、火山灾害的监测与保护。我们指导帮助有关单位，建立一批火山监测站和火山地质公园，为保护自然资源，发展地方经济，预防自然灾害，起到一定的推动作用。

四、感恩戴德　回馈社会

人一生下来就离不开家庭，离不开社会。没有他人的恩惠与帮助，没有国家的投入和付出，很难生存与成长，尤其像我这样从小就没有父亲的穷人家孩子，每前进一步，都凝聚着恩人相助和国家培养。父母的养育之恩，老师的教育之恩，亲友的关怀之恩，祖国的保护之恩……，铭刻在心，终生不忘。

人不能数典忘祖。知恩图报，感恩戴德，是做人的基本品格。报恩不仅是感谢，更要付诸行动。我有许多恩人需要报答，最大的恩人是党和国家。报答的实际行动就是把国家和人民赋予的智慧和才能，再最大限度地反馈给国家和人民，为国家富强和人民幸福贡献最大力量。

人的能力有限，但要尽心尽力。在做好本职工作的同时，努力做好公益性工作，比如教育、科普和咨询。

我从1984年至今，已在中国科学院大学（前身是中国科技大学研究生院）

给研究生授课37载。先是陪同刘东生先生授课，给他当助教，带领学生实习；随后任教授，主讲"第四纪地质与环境"、"火山学"、"新生代地质年代学"以及专题讲座，受到学生们的青睐，选课和听课人数常常居高不下，座无虚席。所授课程多次被学校评为优秀课程，本人也多次被评为优秀教师、杰出教师，获得"领雁金奖"（引航奖）、"朱李月华优秀教师奖"和"李佩教师奉献奖"。

教学相长，人才培养，是每个教师的责任。我于1992年晋升为研究员，后又在吉林大学、中国地质大学（北京）、河北地质大学、郑州大学、沈阳师范大学、南开大学等学校任兼职教授或特聘教授，除了从事科研、授课和讲座，也招收培养研究生，先后培养硕士、博士（包括留学生）、博士后73名。培养学生胜于培养子女，研究生在人群中毕竟是少数，是精华，他们在家庭、在学校、在国家都是宝贝，都是希望，必须尽心尽责地关心爱护他们，创造条件，寻找机会培养他们，使他们的德、智、体、美、劳全面发展，成为国家的栋梁之才。看到他们在各自的岗位上努力拼搏，发挥重要作用，做出突出贡献，我感到格外欣慰。

"爱人者，人恒爱之；敬人者，人恒敬之"。在人才培养，师生相处的环节中，最需要的是要有仁爱之心。

卡尔·马克思说："科学绝不是一种自私自利的享受，有幸致力于科学研究的人，首先应该拿自己的学识为人类服务。"我把科学普及看作科学家的天职，努力进行科普工作，让自己掌握的科学知识最大限度地回馈给社会，回馈给人民。2007至2016年，我在担任中国科普作家协会理事长期间，尽管科研、教学任务都很繁重，仍然与全国的科普作家一道，创作出一系列科普精品，开展了多种多样的科普活动，为全国各地的机关、学校、工厂、社区做科普报告，得到广泛的反响。

与此同时，我还通过中国科学院和中国工程院，参与了国家关于振兴东北（包括内蒙古），新疆跨越式发展，浙江沿海及岛屿新区开发，淮河流域环境与发展，矿产资源与能源，科普与教育等方面的战略研究，为国家和地方政府（新疆、吉林、内蒙古、广东、福建、云南、湖北、河南、河北、山东）的社会经济发展提出建议，献计献策。

　　"踏遍青山人未老，风景这边独好"。人生的风景线是奋斗，是奉献。要学"苍龙日暮还行雨，老树春深更著花"。忘却年龄，珍惜时间，不以物喜，不以己悲；为国家，为民族，为人民，活到老，学到老，干到老。

　　借此机会，我要特别感谢各位尊敬的师长和领导给予的宝贵教导、勉励和提携，特别感谢每位真挚的同事、同学、朋友、亲友和学生，多年来给予的诚挚关心和帮助！我和我的家人永远铭记各位的大恩大德，报答终生！

刘嘉麒

辛丑元月于北京

前　言

刘嘉麒院士是我国著名的火山地质学家、第四纪地质学家。

刘院士投身地质研究六十载，十进长白山，七上青藏高原，三入北极，两征南极，足迹遍布全国 34 个省、自治区、直辖市、香港、澳门和全球七大洲、四大洋以及很多无人区，完成出版《中国火山》一书，建立并完善了中国火山学完整的理论体系；靠着坚实的理论基础和对火山的热爱，刘院士开拓了玄武岩纤维、火山岩油气藏、玛珥湖高分辨古气候等研究方向，把火山学的研究扩展到了更宽的领域。先后荣获"国家自然科学奖二等奖"、"中国科学院自然科学奖一等奖"、"中国科学院科技进步奖一等奖"等多项奖励，并于 2003 年当选为中国科学院院士。

师者，传道授业解惑。刘院士不仅仅是一位德高望重的科研工作者，同时也是一名有着多年教龄的教育工作者。学成工作后，刘院士一直为中国科学院的研究生授课，37 年从未间断，教授课程包括"火山学"、"新生代地质年代学"、"第四纪地质与环境"等，桃李遍天下。同时，他还是中国科学院大学的博士生导师，也是吉林大学、中国地质大学（北京）、河北地质大学等高校的特聘教授，为院校学科发展、专业建设和人才培养倾注了大量心血。在讲授专业课程的同时，多次组织国内、国际学术会议。20 世纪 90 年代初，他全力为在中国召开第十三届国际第四纪研究联合会（INQUA）学术大会做筹备工作，并成功地在北京举办了这次大会；在他的积极争取和组织下，第六届国际玛珥会议于 2016 年在吉林省长春市隆重召开。上述系列国际学术会议均为首次在亚洲国家举办，极大地提升了中国地学研究在世界范围内的影响力。2019 年，为表彰刘院士对 INQUA 的贡献，他被推举为国际第四纪研究联合会荣誉会员。

科普是强国之策，强国之道。刘院士身先士卒，积极推动中国科普事业的发展，足迹遍布全国，2001 年被中国科协授予"全国优秀科技工作者"称号。

2007 年起，刘院士被推选为中国科普作家协会理事长并连任两届，科普宣传工作涵盖范围从火山、地球到地质环境，科普受众从少年儿童到社会各群体。年近八旬，刘院士依旧走在科学普及的路上，2016 年被科技部、中宣部和中国科协联合授予"中国科普工作先进工作者"称号。

2021 年正值刘嘉麒院士从事地质工作六十周年。六十年一甲子，在攀登科学高峰、带领中国火山研究走向世界、让公众认识科学的道路上，留下了他一串串铿锵有力的步伐和慈祥和蔼的笑容。为进一步了解和弘扬刘院士的治学理念与学术思想，刘嘉麒院士的同学、好友、学生纷纷回忆与他一起学习、工作、生活的种种过往。本文集共收录了 39 篇稿件，作者包括地学界院士，与刘院士在吉林大学、中国科学院等单位共同学习生活的老友以及众多学生等。为保证这些宝贵文稿的质量，汉景泰研究员对文稿的文字和事例进行了认真细致的校对；刘强、陈晓雨、伍婧、孙春青、张磊、高金亮、张斌、孙玉涛、赵文斌和孙智浩等对文稿中实际资料和照片涉及的时间、地点和人物进行了认真查询和核对。另外，还有很多关心本文集出版的同行、同事与同学，为文集做了大量的准备工作，在此一并感谢。

最后，让我们一起共同努力，把刘院士的治学精神和学术品德传承下去；祝愿刘院士带领着火山学研究团队，再创辉煌！

郭正府

2021 年 2 月 3 日

目　　录

同　事　篇

学 生 篇

附 录

同事篇

树高千尺不忘根

林学钰（吉林大学环境与资源学院）

刘嘉麒院士是我校（原长春地质学院）的校友。他在校学习工作近 20 年，我曾闻知他在火山地质与第四纪地质研究方面很有造诣，由于第四纪地质是我专业的地质基础，因此很想请教于他，但始终未得机会。

20 世纪 80 年代，我们多次的巧遇都是在国外参加国际地质大会之时，每当谈到母校，他总是流露出对母校培养他成长的感恩之情，他那种对母校"恩深情笃"的神色，让我十分感动。

2003 年，他当选中国科学院院士，我们为他骄傲，并庆贺长春地质学院又培养出了一个院士，而此时他想的是"饮水思源"，考虑的是今后如何报答母校的培育之恩。

刘院士为我校地学学科的发展真是尽心竭力、倾心相助。在培养和推荐青年人才方面更是用心。刘院士是火山地质和第四纪地质专家，在他的带领下，吉林大学和其他联合单位一起于 2008 年积极申报并获批 973 项目"火山岩油气藏的形成机制与分布规律"；2012 年在他引导下我校正式成立了"长白山火山地质研究中心"；2018 年组织建立了"火山地质吉林省院士工作站"并在长白山天池建成了火山监测站，该中心和野外基地在生产、教学和科研中发挥着重要的作用。此外，他对于环境 – 水文地质学科的建设也给予了十分的关心，他对水文地质学科的发展、战略价值、发展趋势等都提出过指导性的建议。每次研讨会和论坛他都献计献策，甚至在百忙中还做了报告"重视水资源，发展水科学"，指出我国水资源的现状和重要性，提出发展"水科学要从源头研究水，从应用上管好水，并且要把水科学作为一门重要的学科加以发展"。他的发言往往都很有见地、尖锐、诚恳，给人以启迪。

　　他为母校所做的这一切都极大地推动了我校一级学科"地质资源与地质工程"的建设和发展。

　　刘院士为人朴实诚恳，时刻情系母校，牢记"树高千尺，不忘根"。

中国科学院第十二次院士大会与刘嘉麒院士合影

科教融合的典范

——刘嘉麒院士与研究生教育

石耀霖　孙文科　林秋雁（中国科学院大学地球与行星科学学院）

刘嘉麒院士在中国科学院大学讲课 37 年。从玉泉路教学园区到怀柔雁栖湖教学基地，他无论多忙也从未停过一次课。他虽年近 80 岁，但仍然像 40 多岁时一样精神矍铄，充满激情，认真授课，受到数千研究生的赞扬和好评。与此同时，他充分利用课余时间在国科大（原中国科学院研究生院，2014 年学校开始招收本科生）给本科生、研究生做科普讲座数十次。不仅如此，他还认认真真多次组织国际、国内第四纪和地质方面的学术会议。他总是热情地鼓励年轻教员、在读研究生（硕士生和博士生）、博士后期间积极参加国内、国际学术会议。让年轻人走出去，开阔视野，认识和了解最新的科研成果和科学研究前沿的现状。

刘嘉麒院士的科研成果、学术贡献是多方面的。本文就刘院士在中国科学院大学对研究生课堂教学、课外科学普及和学术交流简而述之。感谢他对国科大付出的劳动和对学校满腔热诚的情怀。

一、科教融合的典范

刘院士是国科大 1978 级首届研究生，也是中国改革开放迎来科学春天的拓荒者和开垦者。他硕士、博士学成后，就一直在学校给研究生授课。他深深体会到：给研究生讲课不能像大、中、小学老师那样照本宣科。他认为一定要学以致用于科学研究中，尤其是专业课。相应地也要把科研中的问题、过程、结果和未知的探索融合于教学中。他也将这些想法付诸于教学实践。

（一）讲授火山学

火山学顾名思义就是研究火山、火山作用和火山活动规律的科学。从教学目的和要求来看，火山和火山喷发物是自然界广泛存在的地质体，而且唯一能贯穿地球各个圈层的地质作用就是火山作用。从地球直至天体的形成和演化，到气候的变迁、人类的出现，许多自然过程都与火山作用相关。现今人类的生存和社会经济的发展都与火山作用创造的财富和引起的自然灾害有关联。因此无论在科学理论上还是实际应用上，火山学都具有重要意义。2003年刘院士开始讲授火山学，2010年以后（2013年起）刘院士和郭正府研究员讲授，之后火山学由郭正府老师讲授。

刘院士在多年授课中，主要介绍了火山概念与火山类型、火山岩和火山喷发物的性质与分类、火山灾害及其监测、实验火山学。

他还把他的专著，1999年出版的《中国火山》，捐赠给学校图书馆、地学的老师和听课研究生。他不仅让学生从听课中受益，而且要拓展他们的知识领域。因为一本专著的出版正是作者科研工作的总结和系统化的过程。因此学生们不仅听课，而且要认真阅读参考书《中国火山》。刘院士对学生的考试是口试加笔试，让研究生在科教融合的最后考试结业时，又一次巩固所学的知识。他常常鼓励学生向教师提出未知的有关火山的问题。刘院士说，不单单是我给学生讲课，学生提的问题也许是我在科研上新的生长点。教学相长和授课内容、授课方式、考试形式、教师和学生的互动都要体现科教融合。我们最终是为了提高教学质量，使学生学以致用。

（二）讲授新生代地质年代学

刘院士讲授该课的内容丰富，包括地质学时间观：时间的属性，时间在地学研究中的意义，时间观的进步；地质年代学的基本概念和方法：岩石地层法，生物地层法，同位素地层法；同位素定年的原理和方法：^{14}C定年法，K-Ar，Ar-Ar定年法，U-Pb不平衡定年法；其他定年法：TL，FT，ESR定年法，古地磁定年法；各种方法的使用条件和应用范围；地质年表。

通过课程内容的讲授，致力使研究生建立起地球形成和演化过程中的时间演化序列。对所研究的对象定年是地学中较关键且难度最大的问题之一，尤其是新生代，和古生代、中生代相比，是地球历史中最新最短的年代。特别是第四纪258万年以来的历史定年，关系到整个自然和人类的发展，因此显得格外重要。这门地质年代学课能应用到地质学的各个领域，包括环境学、气候学、人类学等方面。刘院士常常强调科学地了解地质体：通过阅读文献，出野外实际考察，最终在实验室测年。他对研究生说，我们作为新一代地学研究人员，从野外开始采样—整理制作样品—测年—分析测出的数据，一定要提高动手能力。我们不能光靠拿别人测年的数据来用。科研的全过程都要自己动手去做，这是对科研人员重要的训练。

（三）讲授近代第四纪地质学与环境学

本课程从1978~2006年由著名地质学家刘东生院士主讲。2006~2020年这15年中一直由刘嘉麒院士主持并主讲该门课程。这门课程开设40多年以来，主要是从全球环境演化的角度来讨论第四纪时期发生的各种地质过程的记录。如冰川、海平面、海洋、黄土、沙漠、陆生植物、人类起源和迁徙、第四纪大气环流和环境变迁等。从而使研究生从全球演化的角度来认识第四纪时期发生的各种地质过程和记录，并结合第四纪的基本理论和学科的最新发展，使学生能够尽快了解第四纪学科发展的前沿。

2003年春季学期2月开学后，该课程120多人集体在阶梯教室上课，刘院士主动提出在更大的空间讲课，经学校同意到可容纳800多人的大礼堂讲课。礼堂面积大，刘院士就得大嗓门讲课，以便坐在后面的学生也能听清楚。直至临考试前他一直在礼堂讲课。

2003年秋季学期，地学的课程进行了重新调整。由刘东生院士任组长的地质学学科专家组成立。刘嘉麒院士作为专家组成员，承担了多门课程的教学大纲的编写。有的课程是第一次设立，例如"应用第四纪科学"，就是刘嘉麒院士编写了教学大纲。2009~2010学年，学校提出了2009年为"教学改革年"，主要内容之一是重新规划课程体系，科学安排课程内容。刘嘉麒院士作为这次教学改革地质学学科负责人，认真履行了教学改革的要求，使地质学学科确定了相对科学和系统的课程设置，不仅在地质学一级学科，而且使 5 个二级学科课程设置数量大增，课程种类拓宽。

孙文科教授担任地学院副院长以来，和老师们接触较多，刘院士多次与他讨论该课程的设置情况和了解研究生的反响，以便更好地提高教学质量。

刘院士在火山学、同位素地质年代学和第四纪地质环境学等方面做了大量系统性创新研究工作，并且在 3 门课程教学中积极科教融合，也使他的教学质量和教学效果大大提高。

他讲授的课程被学校评为优秀课程，他被地学院多次评为"杰出贡献教师"和对学校和社会做出贡献的"杰出校友"。

二、科普教育的引领者

刘嘉麒院士曾是第五届、第六届中国科普作家协会理事长（2007~2016 年），现为荣誉理事长。虽然担任理事长只有九年多，但他把科普教育当作他一生的责任。他常说，科普是强国之策，强国之道。他还在不同场合强调科普是科学，科普的积累也是科学的创新。创新有风险，但也很精彩；跟踪虽保险，却很平庸。他无论多忙，无论年纪多大，他依然走在科学普及的路上，探索科学普及教育的脚步不停息。2001 年他被中国科协授予"全国优秀科技工作者"称号；2016年被科技部、中宣部和中国科协联合授予"中国科普工作先进工作者"称号。

（一）在国科大的学术讲座

刘院士除了课堂上讲授 3 门课程，在学校科普和课外学术讲座十数次。例如学校设立的"中国科学与人文论坛"，"建设与发展论坛"，地学院的"西部大开发"，以及每年 3 月和 4 月的"国际气象日"和"国际地球日"论坛。

2006 年 4 月 28 日刘院士应论坛组织者邀请在人民大会堂小礼堂（可容纳 800 多人）做"极地科学探险与全球变化"报告。刘院士对南极设得兰群岛和北极斯瓦尔巴德群岛地区的地质环境做过深入的调查，在冰芯和岩芯中发现多层火山灰，对南极火山活动和气候变化进行了深入的探索。"八五"

期间，他协助刘东生院士组织实施了"南极资源、生态与全球变化研究"的国家重点攻关项目和中科院重大项目总结验收等工作，并荣获国家科技进步奖二等奖。

与此同时他还推荐多位地学领域的专家和地学口毕业的研究生来讲座，如刘东生院士讲了"人与自然的和谐"；孙鸿烈院士（中科院原副院长）讲了"我国生态建设与环境保护"；张宏仁教授（原地矿部副部长，我国首任国际地科联主席（2004~2008年）），在论坛上讲了"地质学与可持续发展"，在人民大会堂人大常委厅石耀霖院士主持了讲座。张教授还在我校夏季学期开设"地质学与社会发展"课程。还有中国气象局原局长秦大河院士讲了"中国气候与环境演变"，他在我校开设"冰冻圈和环境"课10多年。另外，许多地学院毕业的研究生参加了讲座。1978级研究生，科技部副部长刘燕华教授，讲了"科技发展趋势与国家创新体制"，他在担任中科院地理所所长时在我校多年开过课。1983级校友，中国地震局局长陈建民研究员讲了"我国地震灾害与防震减灾"。

此外，刘院士曾在研究生院"西部开发"讲座上介绍了他承担的西北地区项目的进展。他在讲课中一再强调发展经济的前提一定要保护生态环境，一定要注重社会效益。如对西藏而言，西藏是我国重要的生态屏障和安全屏障，这里有丰富的动植物资源、水资源和矿产资源，但是应以保护为主，避免过度开发，维持植被现有的分布。另外，减少农业的开垦、退耕还林、退耕还草。2005年习近平总书记提出，绿水青山就是金山银山。现在来看，生态就是生产力，生态就是经济。

2003年11月刘嘉麒研究员当选为中科院院士。2004年2月20日他被邀请回母校在"建设与发展"论坛作题为"从学生到老师感谢研究生院对我的培养"的报告，上百教职工听了讲座。他回忆了1978年在研究生院学习的历程。他感到一个人的成长，很重要的一条就是艰苦努力，持之以恒，而毅力产生于思想和理想。他说："从小在学校受到的教育一直强调为国家为人民而学。我的家境困难，是党和国家培养了我。"他表示"成了院士也一定要更努力地做好工作，报答国家、报答党和人民。"

2019 年 11 月 15 日他受中科院老科协国科大分会邀请作专题学术报告"如何应对全球变暖"。刘院士主要讲了有关气候环境与人类生存的内容。他介绍了 7 个方面：地球本身与人类环境；地球变暖的原因；国际气候组织的科学意义和政治意义；人类对气候的影响；改变产业结构加快经济转型；减少能源消费、改变能源结构；改变生活方式、实现绿色生活，追求人与自然的统一。地学院多名年轻教员、退休老教授和离退办工作人员听了报告，并和刘院士进行了热烈讨论。

2019 年刘嘉麒院士、欧阳自远院士和滕吉文院士三位荣获"中国老科学技术工作者协会 30 周年先进个人奖"。中科院刘嘉麒院士、滕吉文院士、陈润生院士、阎锡蕴院士和吴岳良院士五位被中国老科协聘为首批老科学家报告团成员。

（二）在国内各地的科普教育

刘院士不仅是国科大的兼职教授，他还是吉林大学、中国地质大学（北京）和河北地质大学等高校的兼职教授和研究生导师。因此，他除了主要的科研工作，教学工作和对研究生论文的指导工作外，经常性地在各高校和中学进行学术交流和科普讲座。据不完全统计，从 2019 年 1 月到 12 月，刘院士一年讲座近 20 次，听众包括研究生、大学生和中学生，总人数达 8000 人次（每次 200~600 人）。他的科普讲座涉及十几个专题，包括：漫谈地球科学；极地的神奇与奥秘；神奇的火山；自然灾害与人类生存；气候环境与人类生存；能源战略与经济转型；玄武岩纤维及其复合材料的发展态势及应用前景；美在中国——中国地质遗迹、自然遗产巡礼；人生当自强——留下消失的身影（我的致事感悟）；让科学普及与科技创新比翼高飞（谈科普）；传播石文化 发展石经济（关于宝石类）；水资源与水科学；第四纪地质与环境（专业）等。这里我们扼要列举一则他讲座的情形。2019 年 7 月 1 日，在江苏科技大学张家港校区，400 多人参加讲座"人生当自强"。刘院士讲述了他切身实际科研工作经历：多次从南极和北极到东非大裂谷的野外考察及全球火山的考察，培养了坚强的毅力，吃苦耐劳的品德，立志做一名不怕艰苦的地质工作者。立志做人，到品格为金。他的讲座感动了数百师生，激起他们不畏艰苦工作的满腔热忱。

三、第四纪科学国际国内学术交流的组织者和领导者

多年来得益于刘院士的组织和领导，我们地学院有 20 多人次参加过全国第四纪大会和国际第四纪联合会学术大会（INQUA）。

（一）组织国内学术会议

无论国内国际学术会议何时召开，在开会的前一年，刘院士都会在来学校讲课时，在课堂上告诉师生有关会议召开的时间、地点、大会主题及野外路线。他动员我们积极提交论文并参加学术交流。我们地学院参加国内第四纪会议的记载是从 1997 年的第七届开始的，那是在北京的香山举办学术大会并祝贺刘东生院士从事地球科学研究 60 年暨 80 华诞。之后 2002 年在四川都江堰市举办的第八届，2006 年在南京举办的第九届，2010 年在兰州举办的第十届，2014 年在贵阳举办的第十一届，2018 年在青岛举办的第十二届，地学院的师生均积极参会并提交了论文。

这里着重介绍 2002 年、2006 年、2010 年、2014 年这几届会议在刘院士和丁理事长的组织领导下地学院参会的情况。

2002 年第八届全国第四纪学术大会在都江堰市举办，由中科院成都山地灾害与环境研究所承办。石耀霖和林秋雁两位老师参会。时任地学院副院长的石耀霖院士应刘东生院士和刘嘉麒院士邀请作大会特邀报告。报告的题目是"青藏高原隆升的几何学、运动学和动力学的证据解析"。与会数百人认真听了石院士的报告，反响热烈。

2006 年第九届大会在南京举办。会前，以刘院士为首的理事会，他们考虑到许多从事第四纪工作的人员需要提高理论水平和实际工作能力，同时改革开放以来，学术思想解放，积累的许多新思想、新方法和新技术也应充实到科研人员和高校教师，因此大会首次在会前举办了"第四纪理论、实践、方法"培训班，上百人参加。地学院第四纪地质教师林秋雁（57 岁）和陶千冶（22 岁，

地学院李玉梅老师招的 2006 级研究生）参加了培训。培训结束时，负责人总结，专门提到：地学院参加培训班的两位是本班年龄最长和最年轻的学员。

2010 年第十届大会在兰州举办，由兰州大学承办。在刘院士的鼓励下我们这次参会人员最多，地学院从事第四纪教学的老师和他们的研究生均参加了此次大会，包括潘云唐、林秋雁、李玉梅、游海涛、王利贤、孙丰瑞（男），共 6 人参会，并都提交了论文。此次会议主题是：青藏高原隆升与中、东亚干旱环境演化。大会报名 650 多人，实际到会注册 577 人，会后 240 名代表参加了野外 4 条考察路线。大会于 8 月 18 日召开，8 月 14 日~17 日举办了以"第四纪科学领域的新方法与新进展"为主题的会前培训班，21 名知名学者讲授，200 多名学员参加培训。

2014 年第十一届大会在贵阳市举办，中科院贵阳地化所承办。大会主题是"季风、喀斯特与生态演变"。750 人参会，大会收到口头报告和展板报告摘要 524 篇。地学院 4 人提交论文。会后 150 位参会人员参加了 4 条野外路线的考察。

2018 年 11 月 3 日~5 日在青岛举行了第十二届大会。大会主题：地球系统科学时代的第四纪科学。1100 多名专家学者参会。80 余人参加了 2 条野外考察路线。

从以上简述的 20 多年来国内举办的 6 次第四纪大会，我们可以看出刘院士作为理事长精心组织领导的学术会议效果很好。尤以国科大地学院和人文学院考古系为例，20 多年前只有一名该学会会员，如今已有 7 名。这些会员积极参加学术会议，了解国内最新的第四纪动态，参与野外路线考察，参加培训等。这些学术活动、会前培训和暑期培训都提高了我校教师的理论水平，科研工作能力和野外教学水平，有益于年轻人才的成长。正如培训宗旨所言：强化第四纪地质学基本概念和基础知识，提升在读研究生专业技能和综合素质，为我国第四纪科学事业培养优秀青年人才。

刘院士除了对国科大地学院所作的上述贡献，在其他方面也有建树。2010 年 12 月地学院的实验室获批为"中科院计算地球动力学重点实验室"。实验室主任由孙文科教授担任，学术委员会主任由中科院院士石耀霖教授担任。

2011 年 1 月刘院士被邀请成为学术委员会委员。每年实验室召开学术委员会，召开学术年会和夏季国际会议，刘院士都会积极参加，认真质询实验室的工作和科研方向等。此外，他还抽时间在夏季国际会议上作英文学术报告。平日里多次和石耀霖院士、孙文科主任交谈实验室的规划与发展。他把国科大地学院的事情当作自己的事情来做，兢兢业业。

（三）组织国际会议

国际第四纪联合会（INQUA）1928 年成立并在欧洲的丹麦召开第一届国际第四纪大会。国际会议每 4 年开一次，至今已召开过 20 届，其中 1940 年、1944 年和 1948 年因第二次世界大战和战后恢复时期未召开。1982 年第 11 届大会在苏联莫斯科召开时，中国参加并正式加入国际第四纪研究联合会。刘院士作为领导者，曾 4 次组织带领中国代表团参会，分别是：在德国柏林举行的第 14 届（1995 年），在南非德班举行的第 15 届（1999 年），在美国里诺（内华达州）举办的第 16 届大会（2003 年），在澳大利亚凯恩斯举办的第 17 届大会（2007 年）。我们就这四次大会的组织和领导者刘院士所做的工作一一阐述。

1995 年在德国首都柏林举办的第 14 届大会，参会人员共计 700 余人。中国代表共 60 人，其中国内代表 44 人，国外留学生代表 16 人。这次会前，1994 年 2 月刘院士春季学期来讲授第四纪地质学与环境学课时，就开始宣传此次大会的内容，并在课下介绍大会的一些具体要求，如申请 35 岁以内青年基金（免收注册住宿费等）及申请截止日期；大会讨论的具体主题和专题；一日野外考察和会前会后的具体考察路线。当年没有手机，我们大多数人还没有计算机可用，无法上网查询信息，收到邀请函还是 10 多天以后寄来的信件。在参会之前的准备阶段，他多次提醒大家要准备好参会的论文及提交论文摘要的时间和形式，口头发言还是以展板交流。另外，他还以国际参会花费多和国内参会的不同，建议大家不同渠道申请经费。并且对许多有关会议的具体事宜都作了安排和详细的布置，主要是为了让更广泛、更多中青年科教人员、硕士、博士、博士后参会。以刘院士为首的代表团组织者，花费了大量心血，付出了辛勤的劳动。他们不顾劳累，每天工作到深夜（因国内外有时差），和国外留学生联系。直到 1995 年 7 月底会议临近，他仍在作各种努力（如有的签证迟迟未到等）。所以有的青年说，即使会议没参加成，也对刘院士及领导的组委会诚心诚意的工作所感动。他们不图什么，只是让大家能够参加国际间的学术交流，更好地推动我国第四纪事业的发展。

1995 年 8 月 2 日我们到了柏林自由大学开会地点，地学部副教授林秋雁参加了会议。由于国内多次联系，做好了准备，所以代表们很快安排好了住宿。8 月 3 日上午注册，后参加开幕式（11 点开始）。开幕式大会只有唯一的一个特邀报告，那就是国际第四纪联合会主席刘东生院士所做的介绍中国黄土研究成果的过去现在和将来的报告。大会报告后全场掌声雷动，受到与会 700 多代表的赞叹。气氛热烈的开幕式会场也使我们中国人感到无比的骄傲和自豪。晚上 7 点半在柏林自由大学有欢迎宴会，刘院士通知我们 6 点半提前到，中国代表团开会。团长丁国瑜院士详细讲了我们开会的任务、注意事项及会后要求每人写一份总结（不少于 3000 字）。刘院士介绍会议期间碰到一些实际问题如何解决。如这次大会有几位台湾代表也来参会，他们和我们的关系，如有交流应该如何应对。还有下一届大会在南非举办，这次如他们来人邀请我们如何回答，因为南非未和我国建交。另外，遇到突发问题如何处理，刘院士都一一作答。最后希望大家能够在安全问题上特别注意，如有意外及时和使馆联系。让我们这些第一次出国参会人员对外事增加了了解。

第一天参会，我们就感觉中国代表团参会人员年轻、生机勃勃。据统计中青年占 83%，60 岁以上的只有十几位。而开幕式会场参会人员中，林秋雁看到有 2 位外国人拄拐杖和一位坐轮椅的老者代表。有一俄罗斯 50 多岁的代表还问林秋雁，你们中国人来参会的代表这样年轻，是否大学生多。实际上改革开放以来，年轻人参加国际交流越来越多。如刘院士的博士生聂高众等就参会了。

3 日~10 日每日都有各自的专题会议。6 日是周日，大会组织一日野外考察，林秋雁参加了 B2+B11 路线。该路线有 40 多人参加，有 9 名中国人参加，其中有刘东生、丁国瑜和孙枢 3 位院士参加。该路线考察内容是：柏林附近 Rueder sclorf 地区三叠纪沉积与构造和第四纪地层。3 位德国的专家主要介绍了更新世柏林的冰缘谷，三叠纪地层与构造的起源及第四纪沉积的详细地层分层。一整天共考察了 12 个点，有的剖面很清楚，我们都拍照了。柏林自由大学地理系二年级，来自奥地利的留学生作了英文翻译。这次大会出版了论文摘要集共收编了 1262 篇摘要。

因写"刘嘉麒院士与研究生教育"这篇文稿，我们专门查找了林秋雁老师 25 年前写的会议总结。摘录几段：国际第四纪联合会自 1928 年成立和召开第一届会议以来，近 70 年 800 多名地质、地理、考古、植物与土壤等专业的科学家在工作。5000 多位学者研究过去和现在的环境与全球变化的成果。第四纪研究 250 万年以来的地球历史，在研究过去和现在以及正在发生的地质过程都有很成功的方面：如对海平面变化的研究，黄土的研究，全球变化的研究和温室效应，等等。从事这些工作有其不可估量的意义。这届大会，如同一次短期培训。大会向我们展示了新的第四纪的发展。代表直接参会比阅读专业书籍和期刊资料能够更及时了解新东西。同时会议期间接触大量外国学者，可以进行面对面的讨论，甚至咨询和提问。另外，会前、会中（一日）和会后组织的地质考察内容丰富，很有地域性，如卢演俦研究员参加考察的德国中南部和西部，对第四纪中欧北部的地层划分，晚更新世的特征，冰后期中欧河流和全新世历史及第四纪古生态和旧石器遗址，等等。考察内容广，很有意义。当然由于许多人第一次出国，外语还不够熟练，一般很少参加会前和会后的地质考察（中国年轻人大部分没有参加考察）。

通过对第 14 届大会的详细论述，秘书长刘院士积极组织领导更多年轻人参加国际会议，希望能够提高我国学者的第四纪研究水平，推动中国第四纪科学的发展。

（三）国内召开的国际大会

1991 年 8 月 2 日～9 日，第 13 届国际第四纪研究大会在北京国际会议中心举行。来自 47 个国家和地区的 1200 余名代表出席。61 个国家和地区寄来 1768 篇论文。大会主题：全球环境变化与人类活动的关系。会议分 7 个学科，53 个专题，交流了 712 篇学术论文。

这次会议是 60 年以来（从 1928 年第一次大会）首次在中国召开。从 1987 年在加拿大渥太华举办的第 12 届会议上，中国申办下一届会议 1991 年的第 13 届成功，中国组织委员会就开始积极筹备。从 1987~1991 年这几年，作为常务副秘书长的刘院士作了海量的工作。

20 世纪 80 年代在筹办会议期间，当时连一台电脑和一部移动电话都没有，全靠手工打字和人工多干活。因此，非常需要劳动力。1990 年刘东生院士的硕士毕业生徐立（1987 级），分配到地学院工作不久，刘老师他们缺人手，何铸文老师（地学部主任）立即派徐立去组委会帮忙，直到 1991 年 9 月回校。石耀霖老师、林秋雁老师和徐立老师递交了论文摘要，当时托徐立带去纸质的摘要。刘老师说他除了给地学部研究生讲课，几乎所有的时间就在组委会干活，不出差、不出野外、不参加各地的会议，就这还觉得时间不够。时任组委会的秘书长孙枢院士对我们说，刘嘉麒常务副秘书长，每天干活，务实，不是务虚。孙院士会后还说，会议成功刘嘉麒功劳第一，没有他的努力，会议如此成功是不可能的。想一想，算一算，61 个国家的代表寄来 1768 封论文摘要信息需人工打字新建文本，出版会议文集；给 47 个国家和地区的 1200 名申请参会代表寄送邀请函信件；哪些人要参加会前、会中和会后的野外考察，等等。国内需预定开会的大会场为开幕式、闭幕式和大会报告。小会场有几百个专题会议。数千人需数十个旅馆的住宿，来宾到北京机场接站，野外考察路线的事先踏勘、租车、食宿以及考察区域保障道路安全的应急预案和实施方案，等等。另外，1991 年组委会还和北京邮票厂联系制作由王虎鸣设计的北京猿人复原头像纪念邮票，发行量 4089.3 万枚。这些费时费力的海量工作，刘院士和他的团队成员（几个人）做成功实属不易。组委会近 5 年只靠人力手工积极筹备，会议成功举办，彰显出我国第四纪科学界的担当。这样艰巨、有广泛性、多学科专业、国内首次举办超大型一类国际会议，用事实证明了我国科学家的超凡能力。为今后开展国际学术活动树立了典范。

1996 年第 30 届国际地质大会在北京召开。大会由中国地质学会（刘院士任学会副秘书长），地质矿产部及中国政府各有关机构，工业部门及地学有关学术团体共同主办。国际地质大会提供了一个交流学术思想和最新信息的大平台。通过有组织的地质旅行，为参会代表提供考察野外地质问题和了解地质特征的机会。从而大力促进了地质学理论研究和应用研究的发展。

1996 年 8 月 4 日 ~14 日，来自全球 126 个国家和地区 6261 名地学工作者，在北京人民大会堂参加了第 30 届国际地质大会的开幕式。大会收到论文 8092 篇，确定了 71 个专题讨论会，152 个学科讨论会和 4 个大型主题报告。大会组委会精心组织了 79 条野外地质考察路线，几乎遍及全国各地不同的地质体。大会主题是"大陆地质，特别是与大陆地质相关的地质构造、能源矿产、矿产资源、环境保护、地质减灾以及它们与人类生存和可持续发展的关系"。邮电部 1996 年 8 月 4 日专门发行"第三十届国际地质大会"纪念邮票，设计者是许彦博，面值 20 分，发行量 3781.75 万套。

本次大会，站在地学研究的前沿，展示 20 世纪地质科学的最高成就，探讨 21 世纪的发展方向，无疑成为地质学发展史上的里程碑。

最值得赞叹的是刘院士，他在会议结束之后仍在继续做工作。由于种种条件限制，许多地学领域的大学生和研究生未能参会。9 月开学，刘院士告知我们，地质学会还在会后组织一次第 30 届地质大会的介绍和学术报告，宣讲在京西宾馆举行，离玉泉路不远。当年林秋雁老师带领 60 多位研究生听了马杏垣院士和马宗晋院士等人的宣讲。1996 年至今已过 20 多年了，还有研究生提起当年刘老师对研究生的关爱。

中国举办的第 30 届地质大会产生了极大的反响，之后许多人开始走向国际地质会议的舞台进行学术交流，推动了我国地质事业的发展。当时中国人参加国际会议远不如现在普遍。让我们回顾一下 1996 年之后的几届大会中国人的一些足迹和花絮。

1878 年第一届国际地质大会在巴黎举办，23 个国家 310 人参会。1996 年之后，2000 年第 31 届国际地质大会在巴西首都里约热内卢召开。103 个国家和地区 3705 人参会。大会主题：地质学与可持续发展——第三个千年的挑战。中国代表 180 人（其中官方代表 80 人）。如刘东生院士，石耀霖教授，国家自然基金委的于晟研究员，等等。2004 年第 32 届大会在意大利的佛罗伦萨召开。中国参会 480 人。原地矿部副部长张宏仁当选为国际地科联主席。地学院有 8 人申请，后参会 4 人。他们是石耀霖院士、吴忠良研究员、林秋雁副教授和赵桂萍副教授。第 33 届大会 2008 年在挪威首都奥斯陆召开。地学院 4 人报名，最后参会只有琚宜文教授和张思奇博士（石院士的研究生）2 人。但是不幸的事情还是发生了。北欧三国号称最安全，实际上并非如此。琚宜文教授被偷了个精光，损失惨重，包括笔记本电脑、会议资料和数千篇论文摘要的光盘、护照和返程机票及其他钱物。后几天非常麻烦：虽然多次找大使馆解决了一些问题，但是回国后报账因没有单据，费了好长时间并请各方出具证明才办妥。不由得让我们想起，每次出国开会前，刘老师总是再三叮嘱参会代表。他一再强调，无论去哪国都要注意安全。不要因为安全问题在自己这儿没发生过，就放松警惕。学校教育，尤以研究生教育离不开科技发展成果的融合。相应高等教育也反过来要培养更适合科技发展的人才。刘嘉麒院士对研究生的教育给我们做出了范式。让我们发扬他的科学与教育思想，以他的道德风范为榜样，为祖国的繁荣富强不忘初心，继续奋进。

2018 年 10 月 14 日（1978 年 10 月 9 日首届研究生入学，10 月 14 日举行开学典礼）是中国科学院大学及地球与行星科学学院成立 40 周年校庆和院庆，刘嘉麒院士深情题词"国科大不惑之年颂：雄冠神州辟雍，魅揽天下精英"。

他正是 40 年前走出来的 1978 级研究生。他正在耕耘着研究生教育的这片沃土。

祝贺嘉麒院士从事地质工作六十周年

莫宣学（中国地质大学（北京））

刘嘉麒院士是著名的火山学和第四纪地质学家，是我国火山和玛珥湖古气候研究领域的主要学术带头人，他在火山地质与第四纪环境地质等方面做了大量系统创新性工作，推动了中国火山学研究，开拓了玛珥湖研究的新领域，发现黄土中游离温室气体高异常，建立了黄土剖面高分辨率时间标尺，为火山学和第四纪科学的发展做出了突出贡献。他还为极地研究和西部开发做出了重要贡献，积极引导和推动绿色高新玄武岩纤维材料在中国的开发应用，拓展在火山岩中寻找油气藏的新领域，积极参与了国家关于振兴东北（包括内蒙古），新疆跨越式发展，浙江沿海及岛屿新区开发，淮河流域环境与发展，矿产资源与能源等方面的战略研究，热心投身科学普及工作，为国家与地方的社会经济发展和科学普及贡献了智慧和力量。

他曾任中国科学院地质研究所所长、中国第四纪研究委员会主任和中国第四纪科学研究会秘书长、理事长，中国科协第七、八届全国委员会委员、科普专委会副主任，中国科普作家协会第五、六届理事长，中国矿物岩石地球化学学会副理事长，中国可持续发展研究会防灾减灾委员会主任，中国地质学会旅游地学与地质公园研究会副主任，亚洲湖泊钻探科学指导委员会副主席，太平洋科学协会固体地球科学专业委员会秘书长，中国世界遗产专家委员会主任，国际单成因火山专业委员会联合主席，国际第四纪研究联合会（INQUA）地层与年代学专业委员会常委、表决委员等职务。曾获国家自然科学奖二等奖和科技进步二等奖各一项，中国科学院自然科学一等奖和科技进步一等奖各一项，国家海洋局科技进步特等奖以及首届侯德封奖等奖项。2001年被中国科协授予"全国优秀科技工作者"称号，2016年被科技部、中宣部、中国科协联合授予

"中国科普工作先进工作者"称号，2019 年被中国老科协授予"先进个人"称号，2020 年被中国科学院大学授予领航奖（金奖）。他还是中国科学院大学教授，授课 37 载，培养研究生 70 余名，并被聘为英国开放大学、日本东北大学客座教授及吉林大学、中国地质大学（北京）、河北地质大学、南开大学、郑州大学、沈阳师范大学等高校兼职教授。

刘嘉麒院士是我的好友。他热爱祖国人民，始终怀着一颗赤子之心，想着国家和人民的利益；在科学上，刻苦扎实，敏锐创新；待人宽厚诚恳，热忱无私。八十年来，他砥砺前行，鞠躬尽瘁，为祖国人民、为地球科学事业做出了杰出的贡献。在几十年的相处中，我努力向他学习，深受他的优秀品质所感染，受益匪浅。

嘉麒院士是位杰出的科学家。他有长远的战略眼光，高瞻远瞩，承担并完成了中国科学院学部委托的"中国火山学研究的战略与规划"、"我国西部开发矿产资源潜力的分析与对策"、"基于能源及重大战略需求的国际矿产资源形势及中国发展战略"、"关于我国科学普及的形势分析与策略建议"等多个战略咨询项目。他是我国著名的火山学家，他的《中国火山》（科学出版社，1999）是火山学的经典著作（其第二版也将在近期问世）。他深入调查了黑、吉、辽、蒙、闽、粤、滇、藏、新等十几个省区新生代火山的时空分布和地质地貌特征，在青藏高原和大兴安岭等地新发现火山（群）20 余座，特别是实地查证了 1951 年新疆西昆仑阿什火山的喷发和东北、海南等地活火山的存在。在野外调查基础上，测定了年轻火山岩的年龄，进行了系统的岩石化学和地球化学分析，发表了《长白山火山与天池的形成时代》《中国东北地区新生代火山岩的年代学研究》《中国东北地区新生代火山幕》《论中国东北大陆裂谷系的形成与演化》《西昆仑山近代火山的分布与 K-Ar 年龄》等一系列论文，揭示了火山活动规律和地球化学特征，建立了中国火山与全球火山活动的联系，明确指出中国东部新生代火山岩具大陆裂谷型特征，与东亚板块体系密切相关，青藏高原的火山活动与高原隆升密切相关，把中国的火山学研究提高到国际水平。

他从地球系统科学层圈相互作用的高度研究火山学，认为火山研究是门系统科学，涉及地球的各个层圈。他在地质、地球化学、年代学和构造学等方面研究的基础上，将火山活动与气候环境变迁紧密地联系在一起，论证了构造气候旋回的新观点，指出火山活动是引起气候环境变迁的重要因素之一。他开拓了玛珥湖研究的新领域，主持了第六届国际玛珥会议。在雷琼、东北、内蒙古等地发现诸多玛珥湖，包括可与世界最著名的德国 Eifel 玛珥湖媲美的吉林龙岗玛珥湖群。他的论文《中国玛珥湖的时空分布与地质特征》，为进一步开展玛珥湖与古气候研究提供了基础。《玛珥湖与纹泥年代学》首次在国内阐明了玛珥湖与纹泥年代学的关系，是我国开展玛珥湖与古气候研究的开山之作。他最早在我国运用玛珥湖沉积物这个高分辨率古气候记录的优良载体来研究古气候变化，发现中国南方亚热带玛珥湖记录的全新世气候变化呈高频振荡，与极地冰芯记录的平缓变化明显不同，在古全球变化研究中具重要意义。由此，中国玛珥湖被纳入欧亚湖泊钻探计划，成为高分辨率古气候研究的一个热点，他被选为亚洲湖泊钻探（ALDP）科学指导委员会副主席。

他努力探索第四纪沉积物定年难题，在黄土剖面建起 15 万年来高分辨率的时间标尺，首次发现黄土中游离温室气体的高异常。主持建成新疆（地理所）第一个 ^{14}C 实验室，开展了火山灰年代学的研究，在广东玛珥湖沉积物中发现火山灰并确定其年龄，尝试了湖泊沉积物的 U-Th 法定年；运用 AMS^{14}C、TL 方法成功地测定了黄土－古土壤的年龄，在渭南黄土剖面建起 15 万年来高分辨率的时间标尺，为陆相沉积物提供了一个可对比的独立时标，成为国际古全球变化（PEGES）科学指导委员会表彰的最亮点成果和中国学者对古全球变化研究的重要贡献。在年代学工作基础上，厘定了中国第四纪地层和地质年表，促进了第四纪研究的发展。与此同时，首次发现黄土中游离的 CO_2、CH_4 等温室气体浓度比正常大气的浓度高出几倍到几十倍，表明黄土在调节 CO_2 平衡和全球变化研究中具特殊意义，是黄土研究的一个创新点。他被选为中国第四纪研究委员会主任和国际第四纪研究联合会（INQUA）地层专业委员会副主席。

他主持完成多个科技部、自然科学基金、中科院重要项目，如"长白山地区全新世火山灰的时空分布特征"，"长白山火山三个喷发中心喷发层序的对比研究"，"火山岩大气包裹体地质高度计的研究"，"中国东北龙岗火

山区 15 万年来的气候环境演变及驱动机制"，"过去 8 万年以来沙尘向地中海 -
黎凡特东部和中国东部运输的天气 - 气候条件研究"，发表了一系列论文探索
与阐明火山活动与第四纪气候变化的关系，并建立中国第四纪地层层序，如《火
山活动与构造气候旋回》探索了火山活动与第四纪四次大冰期之间的对应关
系，论述了火山活动与构造气候旋回的内在联系；《渭南黄土剖面的年龄测
定及十五万年来高分辨时间序列的建立》，利用 ^{14}C 测年方法，开展了我国渭
南黄土剖面的年龄测定，并首次建立了我国黄土的十五万年来高分辨时间序
列；《渭南黄土中温室气体组分的初步研究》首次在国内测试了我国渭南黄
土中温室气体组分，为进一步开展黄土与温室气体演化的关系提供了基础；《第
四纪地质定年与地质年表》为在我国初步建立第四纪地质年表提供了基础数
据；《中国第四纪地层》建立了中国第四纪地层基本层序。

　　他还参与了极地考察，对南极南设得兰群岛和北极斯瓦尔巴德地区的地质
环境做了较深入的调查，在南、北极的湖泊中成功地实施钻探，并在南极冰芯
和湖泊岩芯中发现多层火山灰，为探讨南极火山活动和气候变化的关系提供了
依据。

　　嘉麒院士不仅具有一个杰出科学家对重要科学问题的高度敏锐性，而且
时刻不忘科学为人类对资源、环境、减灾需求服务的使命。例如，他曾经主
持国家"深部探测技术与实验研究专项（Sino-Probe）的"云南腾冲火山—
地热—构造带科学钻探选址研究"项目，敏锐地指出，腾冲地块处于印度板
块与欧亚大陆挤压碰撞带的前缘地带，经历了中特提斯洋和新特提斯洋俯冲
闭合、地块旋转、逃逸等大规模构造运动及相应的岩浆活动和成矿作用改造，
形成了集大型走滑构造、岩浆活动和地热于一体的构造变形域，是研究青藏
高原物质向东南流动和逃逸动力学机制及新生代火山活动和成矿作用的最理
想地区，具有重要的科学意义。同时又精心设计评价火山潜在的喷发危害，
提出防灾减灾对策方案；查清地热异常区的分布、地热泉水的储量及其开发
利用的潜力；查清腾冲地块中新生代花岗岩带构造背景和成矿专属性；为在
腾冲地区及类似地热异常区开展科学深钻做可行性技术准备等重要实际问
题。项目报告和已完成的《腾冲火山地热构造域地质调查与科学钻探》专著，

被评价为"具有立典意义的工作"，"是以刘嘉麒院士为首的研究团队奉献给国内外同行的宝贵礼物，必将对推动腾冲火山地热构造域的进一步研究以及相关的区域性和全球性重要地学问题的研究发挥重要作用"。又如，他在火山学研究中，强调中国火山既提供了丰富的资源，也具有再喷发的潜在危险。主持了"长白山火山演变史及潜在的危险"基金项目，发表了《火山灾害与监测》论文，首次在国内系统阐述了火山灾害与监测的内容、方法与研究意义。在嘉麒院士和其他专家的推动下，中国相继建立了火山监测站，建立了湖光岩、漳州、山旺等一批与火山有关的国家地质公园，为保护自然环境，发展地方经济，预防自然灾害做出了实际贡献。再如，他受中国科学院学部委托完成了"我国玄武岩纤维产业的战略与对策分析"战略咨询项目，积极引导和推动绿色高新玄武岩纤维材料产业的发展，使之成为许多地区产业转型升级，科技扶贫的优选产业。他给予许多地方政府和企业以技术咨询与指导，促进了新兴产业的发展。他主持完成了国家攀登项目"中国东部太平洋构造域火山岩油气藏形成的地质背景"，拓展在火山岩中寻找油气藏的新领域。在《火山作用与油气成藏》中论述了火山作用与油气成藏之间的关系，为开展火山作用与油气成藏的研究，提供了理论依据。同时，他还积极参与了国家关于振兴东北（包括内蒙古），新疆跨越式发展，浙江沿海及岛屿新区开发，淮河流域环境与发展，矿产资源与能源等方面的战略研究，主持完成了科技部项目"新疆自然环境演变、气候变化及人类活动影响"，负责制定了《新疆矿业发展战略路线图》，主持完成了科技部项目"淮河流域自然环境及人为影响"等，为国家与地方的社会经济发展做出了多方面的贡献。

他朴素踏实，不务虚名，只要是对国家、对社会、对探索科学真理有益，不论项目大小，他都认真地去研究，做出成绩。我记得他曾做过一个"中朝两侧长白山火山作用及其与东北亚板块体系的关系"的项目，对位于中朝边境的长白山的火山作用进行非常详细的研究，并探讨其与东北亚板块体系的关系，获得优秀的评价。这个项目体量不算很大，约100万元。但是他做出了非常优秀的成果，该项目对防灾减灾、对国家安全、国际合作以及揭示科学规律都有重要意义。他认为，能否出有重要意义的科学成果，关键不在于项目体量和研究地区的大小，而在于研究的深度和创造性。只要研究得深，真正抓住了规律，揭示出了事物间的内在联系，那么无论研究区域大小，都有产生重大理论创造的可能性；反之，即使项目体量很大、研究地区覆盖全国、全球，也只能停留在对事物的外部（表面）联系的认识上。这对比于有些同志在科学上浮躁，做事情只愿做'大事'不愿做'小事'，做研究只愿做大项目不愿做小项目，是多么鲜明的对照。

最后我要专门谈一下他对科学普及工作的贡献。他主持完成的中科院学部"关于我国科学普及的形势分析与策略建议"咨询项目，对我国科普工作的发展，起了重要推动作用。他担任中国科普作家协会理事长9年多，主编了《中国当代科普精品书系》一套共120余册，完成了《十万个为什么》（第六版）的《地球科学》卷，撰写了《科普是一门学问》等著作，连续10余年为全国20余个省、市、区及香港、澳门的大、中、小学生，党校学员、政府公务员等做科普报告，涵盖10余方面内容。参与了中央电视台、新华社、人民日报、中国科学报、北京电视台、光明网、腾讯网等媒体的节目制作，并为一些媒体作科学顾问。习近平总书记指出："科技创新、科学普及是实现创新发展的两翼，要把科学普及放在与科技创新同等重要的位置"。嘉麒院士在科技创新和科学普及两大方面都做出了杰出的重要的贡献，是我们的榜样。

2021年正值刘嘉麒院士从事地质工作六十周年，谨以此文向他祝贺，祝愿他身体健康，为祖国，为人民，为科学继续做出更大的贡献。

为嘉麒兄点赞

翟明国（中科院地质与地球物理研究所）

收到为刘嘉麒院士从事地质工作六十周年文集撰稿的通知，还是让我多少有些惊讶，精力充沛的嘉麒院士也要到杖朝之年了，时间过得太快。想想我也七十有二，早过了古稀之年。现在人的寿命增长了，时间也过得更快了，老骥伏枥，只争朝夕，写几句话为嘉麒院士鼓劲，也为自己加油。

2010 年院士大会，作者（右 1）与刘嘉麒院士（左 2）、郑永飞院士（左 1）和李曙光院士（右 2）合影

　　我和嘉麒院士相识有 40 年了。1979 年我考入中国科学院地质研究所（中国科技大学研究生院，后改称中国科学院研究生院）做研究生，就和嘉麒同一宿舍，同屋的还有边千韬、张抗、王维平。当时的刘嘉麒给我的印象就是一位沉稳的大哥，说话斯文、学识渊博，听说他在 1965 年以前就考上过研究生，由于种种原因而学业终止，之后还担任过吉林省有色局地质矿产研究所的室主任，更让我增添了几分敬意。后来接触渐多，言谈之中，学习、时局、历史、人文都有涉及。在做毕业论文阶段，当时我们的导师年龄都较大，各自招收的学生人数有限，所以研究生们的野外考察根据研究地区以及学科自由搭配，携手共行，互相帮助。我和储雪蕾、刘嘉麒三人结成一组，我们多次结伴到东北野外考察。嘉麒是东北人，其岳父母家在长春，于是我也多次和他一起到其岳父母家做客，那时他的小女儿还膝绕在姥姥的身边。他的岳父岳母为人亲和，给我很深印象。我对火山岩和火山学的知识是从嘉麒院士那里学到的。初次到长白山考察火山口，就是随嘉麒院士去的。1982 年美国地质调查局与中国科学院进行地质合作，我参加过几轮协商讨论，确定东北的新生代火山岩和太古宙绿岩带是合作研究内容。后来展开的中美联合的东北地区的地质考察就是嘉麒院士和我一起参与的，他负责火山岩，我负责太古宙绿岩带。东北地区精彩绝伦的火山地质现象，从镜泊湖到长白山，使我眼界大开。1984 年我和嘉麒院士一起作为中国科学院代表团的成员去美国考察，美国西部的地质现象和黄石公园的活火山是我最早考察的国外地质，对于我的地质人生都有重要的启蒙作用。我还随同嘉麒院士在朝鲜一侧考察过长白山天池。由于天池作为一个破火山口，岩浆流向主要在东南侧，那边有发育完好的火山岩和次级火山口，积累了巨厚的火山灰，地质现象和中国一侧大不相同，让我大开眼界，惊叹大自然的造化，感谢它留给人们这么多的珍贵资料去探析地球的奥秘。我后来还看过一些国家的火山，如冰岛、苏联、南非、韩国、伊朗、日本等，各有特点，而长白山天池火山和火山岩更有其独特之处。

　　嘉麒院士治学严谨，写字也工工整整，蝇头小楷，十分耐看。他读书勤奋，研究生期间经常挑灯夜读，周日从不休息。而相比之下我要懈怠很多。他俄语不错，英语是后来学的，由于他的勤奋，进步很快，国际交流也是不费力气。

20 世纪 90 年代初，他曾在英国开放大学做访问学者。开放大学校址比较偏僻，我当时在英国莱斯特大学，曾专门去看望他，那天风大天高，给我的印象就是呼啸山庄。我给他带了中国酱油、醋等。看到他在那里兢兢业业，以实验室为家，和英国同事相处融洽，互相切磋，成果突出，感到羡慕不已。嘉麒在中国科学院期间先后师从著名地球化学家侯德封和著名第四纪地质学家刘东生，给了勤奋好学的他以难得的机遇，他基础知识牢固，思想活跃，善于创新，他的研究领域不仅限于火山岩的研究，而且在地球内部的能量、圈层结构、壳幔循环、矿物材料、第四纪地质环境和火山预测机制都有建树。嘉麒对中国东北、西北、青藏高原和南、北极等地区进行过广泛地质环境调查，研究了中国新生代火山活动规律与地质特征，拓展中国玛珥湖高分辨率古气候研究领域，发现黄土中游离温室气体高异常，建立了渭南黄土剖面高分辨率时间标尺，参与了新疆和东北的资源探察和生态环境研究以及南、北极的科学考察，探讨了南极火山活动和气候变化的关系，在火山地质与第四纪环境地质等方面做了大量工作。他身体力行，常年在高原奔波。同时考察过南极和北极的人不多，我没有认真核实，不知在我们研究所是否只有他一人，但最有显示度的，非他莫属。如果用一句话来概括嘉麒，我想到的词就是认真。我多次和他一起进行野外考察，他为了一个地质现象的观察和一个样品的采集一丝不苟，笔记记得清楚细致，并配以素描，野外照片也是从多个角度拍摄的。他的实验数据详实，精度很高，而且非常重视亲自动手测试和亲自处理数据，直到他成为著名专家和院士也未改此传统。毛主席说过，世界上怕就怕"认真"二字，共产党就最讲认真。由于科研成果突出，他在 1986 年获得首届侯德封矿物岩石地球化学青年科学家奖，获奖证书编号 001，当时我也是候选人，但是名落孙山，此后也就放弃了再次推荐申报。他还多次获得国家和省部级科技成果奖。

嘉麒有很强的组织领导能力，善于团结同志，尊敬前辈，关爱后学。他自 80 年代后期就担任研究室主任，1995~1999 年担任中国科学院地质研究所所长。当时中国科研政策处于调整时期，科研经费紧张，科研人员的工资水平也很低。社会上流传"搞导弹的不如卖茶叶蛋的"，一些科研人员情绪不稳定，出现不出勤去经商的现象。刘嘉麒担任所长后，进行了许多重要改革，包括研究室的改革，大胆启用年轻人担任室主任。我曾在此期间担任岩石学研究室主任。他选定了几个当时"年轻"的室主任，组织一个科研沙龙，每周一个人做东，他亲自参加，从国内外的科研聊起，倾听大家对研究所的发展和改革的意见。1999 年中国科学院地质研究所与地球物理研究所合并为中国科学院地质与地球物理研究所，嘉麒卸任所长，改任科学指导委员会委员，2003 年当选中国科学院院士。

嘉麒院士强调科普工作的重要性，特别是对青少年的重要性。他认为科学传播是科学家的天职，科学普及有着净化社会的功能。科学普及所放弃的空间，很快就会被伪科学占领。因此，每位有良知的科学家都应肩负起这份义不容辞的社会责任和历史责任，在科学传播和科学普及中做出自己应有的贡献。他工作再忙，对于科普工作的热心程度从没有减弱，是中国地球科学界的科普达人。他的科普工作从火山、地球到地质环境，从少年儿童到社会大众，都有涉及并且反响强烈，他曾担任中国科普作家协会理事长，被评为"中国科普工作先进工作者"。要做科普是很难的，需要对普及的科普知识精益求精，不能有丝毫的不准确，以免误导听众和读者。做科普很难还在于对象的不同，对于儿童、老人、学生、研究生、干部甚至科学工作者，要有不同的层次和不同的内容。还需要科普语言和文字生动活泼，深入浅出，能够打动听众和读者，因此科普工作在一定程度上难于某些科研工作。此外，搞科普需要奉献精神，因为很多科普活动是没有或者只有非常少的报酬。热心科普工作需要的是对科学、对国家和对人民的爱来完成的。社会将会感谢热心科普工作的科学家，为他们树立口碑。

尊敬师长是嘉麒的一个突出的特点和品质。他从小受到"在家从父母，在外从师傅"的家训，并身体力行，贯穿始终，给我们以及他的学生们树立了学习榜样。他师从我国地球化学的开拓者侯德封先生，不仅学了知识，还学习了严谨的科研作风。侯先生年长，去世得也早，嘉麒的博士学位的导师是国家最高科学技术奖获得者刘东生院士。在刘先生的推举下，嘉麒在 1984 年末到中科院新疆地理研究所主持建立放射性碳定年实验室，还跟随刘先生考察了南极和青藏的火山。1987 年后回到中国科学院地质研究所，在刘先生所在的第四纪研究室工作并担任室主任。在此期间，全力为在中国召开第十三届国际第四纪研究联合会（INQUA）学术大会做筹备工作，成功在北京举办了大会，刘东生先生被选为主席。鄂莫岚老师是一位德高望重的岩石学家，她在嘉麒以及我的研究生学习期间一直亲力指导，在生活上关心备至，问寒问暖。嘉麒对鄂老师十分尊重。多年来一直关心鄂老师的工作和生活。特别在鄂老师退休之后以及患病期间，他和鄂老师的儿女们保持密切联系，随时了解鄂老师的情况，并提供力所能及的帮助。每年鄂老师生日那天，他都会率鄂老师的学生们举行小的聚会或其他活动。我知道，学生们的关心给鄂老师带来很多精神上的快乐。这种人间的真情同样也教育和感动着鄂老师的所有学生们，并会传承和发扬下去。

2013 年 5 月刘嘉麒院士（右）和作者等一些学生为鄂莫岚老师（左）举行生日郊游

　　嘉麒院士这些年来工作很多，在研究所给人的印象是来也匆匆，去也匆匆。他很少有休息日，几乎所有的周末都是在工作中度过的。"人生七十古来稀"，随着物质生活和医疗水平的提高，我想可以改为"八十劳逸要结合"。因此近于杖朝之年的嘉麒要注意劳逸结合，希望我印象中风尘仆仆、来往匆匆的学者，能调缓一下时钟，增加一些休息与修养。路漫漫其修远兮，君将更放射其光彩。

我心中的刘老师

郭正堂（中国科学院地质与地球物理研究所）

第一次见到刘嘉麒老师是在 1990 年年底。那时我博士毕业，来到中国科学院地质研究所做博士后，遵照导师刘东生先生的嘱咐，向时任第四纪研究室的主任刘嘉麒老师报到。当时研究室几乎全部力量都投入到 1991 年在北京召开的第十三届国际第四纪联合会（INQUA）大会紧张的筹备工作中。刘老师作为组委会副秘书长，自然十分繁忙。但他与我聊了整整半天的时间，询问我以前的学习经历，详细介绍了研究所和室里的情况，并亲自找来一张桌子和一把椅子，在今天的"地六楼（鸿鹄楼）"3 层全室大部分人员共同使用的一间办公室里为我安排了一个位置。当时室里的办公条件虽然非常简陋，但那是一个标志着我科研生涯新起点的位置。

尔后的 30 年间，虽然我几次被调到其他单位任职，但科研关系一直是留在所里，实际上从来没有真正离开过第四纪室。对研究室和刘老师 30 年来的点点滴滴也都有很深的印象。这期间，刘老师历任地质研究所所长、中国第四纪研究委员会秘书长、理事长等重要职务，并于 2003 年当选中国科学院院士。

刘老师给我最深刻的印象之一是格外尊敬师长。无论他的"地位"怎么变化，这一点从来没有变过。自我来到所里，其实都是在第四纪室刘东生先生的指导和带领下工作学习的。可能因为先生对团队要求非常严格，研究室里像刘老师这个年龄段的前辈们对先生都十分敬畏，甚至也常常"挨训"。刘老师作为研究室主任，担负着这个团队的"大秘书"职责，自然"挨训"更多。但刘老师在先生面前始终保持着一个学生的姿态，对先生安排的每一件事情都勤勤恳恳、任劳任怨，始终保持着与先生良好的沟通和交流，保证了团队的高效运作，获得了大家的敬重，也深受刘东生先生的赞赏。

后来我慢慢意识到，刘东生先生带领的第四纪团队之所以能成为国际第四纪科学研究领域的一支劲旅，固然归功于先生高超的学术思想和人格魅力，但刘老师及室里与他同龄的前辈们对老一辈科学家科学精神和文化传承中所起的承前启后作用，是保证团队执行力和战斗力不可或缺的因素；而这种作用，首先会体现在对师长的尊敬中。

刘老师对同辈和年轻人同样十分尊重，也没有随着"地位"的改变而发生过变化。起初我以为他从来不会发火。直到相处的日子长了，才发现刘老师脾气其实也很大，但有两个特点。第一，他从不当面与人发火，要等到发火的对象离开后才发作。这使我想起荀子的话："与人善言，暖于布帛"。这种不让别人难堪的"坏脾气"，无疑源于一种难得的修养。第二，他很少向年轻学生发火，因而 30 年来在研究室学习过的大部分学生都喜欢和他沟通交流，年轻人在他面前从不感觉到拘束。

在科研工作中，我一直敬佩刘老师对学科交叉的视野和能力。他早期的主攻方向是火山与岩石学，从 80 年代后期开始研究第四纪地质与全球变化，后来又成功实现了这两个方向的交叉。他先后对我国东北、西北、青藏高原和南、北极等地区进行过广泛的地质环境调查，研究了中国新生代火山活动规律与地质特征，建立了渭南黄土高分辨率时间标尺。他也是我国最早从事玛珥湖纹层年代与古气候研究的学者，推动了我国该领域的研究。今天研究室能够把地球深部—表层碳循环作为研究方向之一，也受益于他奠定的基础。

刘老师格外注重人才培养，到今天可谓桃李满天下。他培养的学生中，有的已成长为知名学者，成为学界的新一代学术带头人；有的走向了管理岗位，成为所在单位的顶梁柱。他对我本人一直爱护有加，可谓亦师亦友，在我遇到困难的时候，他总是给我许多安慰和鼓励。在我取得成绩和进步时，他总是像自己有什么好事一样高兴。

几个月前，研究室的同事、刘老师以前的学生郭正府研究员来电话说，他们打算在刘老师从事地质工作六十周年之际出个小册子，要我也写点什么。放下电话后，倍感光阴似箭、岁月如流。也许因为经常见到刘老师，他在我脑子里似乎一如 30 年前，笑容温暖，神采奕奕，健步如飞，忙忙碌碌。翻出 30 年前的老照片，才意识到他脸上确实多了一些皱纹，头发也白了不少，唯有精神依旧。在此之际，谨以此短文拾忆若干琐事，祝愿刘老师为国家的科学事业做出更大的贡献。

家国情怀 其心灼灼

王焰新（中国地质大学（武汉））

我是一名水文地质工作者。在一般人看来，我在学术上似乎与刘嘉麒院士没有太大交集。其实不然。我近十年来从事的主要研究工作中，都涉及刘院士的专业领域。

与刘院士相识，是在他的论文里；换言之，我与刘院士的交往，始于"神交"。2011 年，我申报的国家自然科学基金重大国际合作项目"地热流体来源砷的环境生物地球化学研究"（批准号 41120124003）获批。该项目以我国云南省腾冲为典型研究区，将富砷高温热水系统与地下冷水系统、地表水系统作为整体研究对象，探讨微生物活动影响下砷在不同水环境中的迁移、转化和蓄积，揭示地热流体来源砷进入地表或浅部地下环境后的环境效应，为研究区地热资源的可持续利用和环境保护提供科学依据。研究工作的基础是分析高温地热流体的成因，也就不可避免地需要了解腾冲火山岩研究的最新进展。查阅文献时我们发现，在我的项目立项前后，刘院士的课题组已在开展腾冲火山岩成因研究，并于 2011 年和 2012 年在《岩石学报》发表了两篇论文。我们当时是怀揣这两篇论文，到腾冲去研究热水及其相关环境问题的。2015 年项目结束前，我在京开会时偶遇刘院士，与他探讨了我们关于腾冲地区勘探开发深部地热资源的设想，刘院士颇感兴趣。我们相约将来一起赴腾冲出野外，只可惜各自繁忙，至今未能成行。

2016 年起，我主持承担国家自然科学基金"环境水文地质"创新研究群体项目（批准号 41521001）。基于 20 多年的长期工作，我们发现：我国黄河、长江流域晚更新世和全新世含水层中的高砷地下水，与末次冰期后气候和沉积环境变化密切相关。这就需要我们了解我国第四纪地层、气候环境研究进展。

在阅读文献过程中，我们又与刘院士"不期而遇"。为了让刘院士对我们的研究工作给予指导，我邀请刘院士来校参加群体学术会议，当面请教有关第四纪年代学和沉积学研究方法。刘院士凭借渊博的学识、丰富的研究经验和独到的学术视角，为我们的高砷地下水成因模型提出了富有建设性的指导意见。交流中，刘院士对学术的挚爱，对我的群体青年学者的关心，溢于言表，令人动容。刘院士还十分关心我国的高等地质教育，不但详细了解我校办学现状和发展战略，而且在回京后，专门发了很长的一个短信给我，肯定学校的办学思路和已取得的教学科研工作进展，鼓励我们加倍努力，为国家培养更多更好的地学人才。

一回生，二回熟。2018 年 12 月，林学钰院士主持、我协助实施的中国科学院和国家自然科学基金委联合资助的"水文地质学"学科发展战略研究项目，在长春召开"水文地质学"科学与技术前沿论坛。刘院士应邀出席会议并以"重视水资源 发展水科学"为题做特邀发言。他强调指出：水是不可替代的，是最重要、最宝贵的自然资源，是人类的"命根子"，并提出：要从源头上研究水，从应用上管好水，要从水的本质、性能、变化、用途入手，从水生物，水文化，水经济和水问题角度，把水科学作为一门独立的学科来发展。一位火山学家、

2018 年 12 月 22 日在长春召开的水文地质学科学与技术前沿论坛合影
林学钰（前排左 6）、张希（前排右 5）、袁道先（前排左 5）、刘嘉麒（前排右 4）和刘丛强（前排左 4）
院士出席会议，前排右 3 为作者

第四纪地质学家能够把水科学的重要性提升到如此高度，并提出自己的学科发展思路，着实出乎我们与会者（大多为水文地质工作者）的意料，也让我再次深切感受到刘院士浓厚的家国情怀和滚烫的赤子之心。

与刘院士相识，可谓三生有幸。刘院士学为人师、行为世范，是我终身学习的榜样。祝刘院士幸福安康，学术之树常青！

矢志不渝献地质　赤诚忠心系祖国

邓　军　赵志丹（中国地质大学（北京））

　　刘嘉麒院士是我国著名的岩石学家、火山地质学家、第四纪地质学家。他在同位素地质年代学、火山与玛珥湖及其环境等研究领域卓有建树。他1986年就获中国科技大学研究生院理学博士学位，是我国改革开放后、设立学位制度后最早期的博士学位获得者之一。刘院士地质学知识渊博，长期致力于火山学、地貌学与第四纪地质学研究，对中国、朝鲜等东亚地区火山有非常系统深入的研究，做出了系统性的研究成果。刘嘉麒院士科研的足迹遍及中国东北、西北、青藏高原、南、北极和世界几乎所有大陆，他对火山岩、黄土、玛珥湖沉积物、火山有关的环境生态等进行过广泛的地质和环境调查，研究了中国新生代火山活动规律与地质特征，拓展中国玛珥湖高分辨率古气候研究领域，发现黄土中游离温室气体高异常，建立了渭南黄土剖面高分辨率时间标尺，参与了新疆和东北的水资源探察和生态环境研究以及南、北极的科学考察，探讨了南极火山活动和气候变化的关系，在火山地质与第四纪环境地质等方面做了大量工作。他的代表作有《中国火山》和《中国第四纪地质与环境》等论著和论文，成果曾获国家自然科学奖二等奖，中国科学院自然科学奖和科技进步奖一等奖各1项，国家海洋局科技进步奖特等奖等。他曾担任中国第四纪科学研究会理事长，积极推动科学发展。

　　刘院士为人谦虚、平易近人，热心扶持和帮助晚辈走上科研的道路，悉心帮助青年一代科研人才进步和成长。他在国内多所高校培养大量研究生，通过学术报告、名师讲堂等传播火山地质学系统知识。他近年来热心投入到国内地质科普事业中，为提高全民科学意识做出了贡献。刘院士近年来十分关注和帮扶区域地方经济的发展，以在四川广安设立博士后流动站的方式，积极领导和推动地方产业和经济提升。他尊重老一代地质学家，热情传承地质人的不怕苦、献身祖国的精神，除了自己作出表率，还以各种形式教育年轻一代地质工作者，把奉献祖国地质事业、做祖国经济建设排头兵的传统一代一代传承下去。

一、从东北大地到青藏高原，寻找火山的奥秘

科学出版社 1999 年出版的专著《中国火山》是刘嘉麒院士有关火山学研究的代表性著作。刘院士的研究足迹遍及中国东部和西部，他是青藏高原，尤其是北部羌塘、可可西里、西昆仑等高原北部无人区火山岩研究的早期开拓者，对藏北火山岩开展了最早的系统的野外和室内研究。

刘院士在传统的火山学与火山岩的岩石学、地球化学、年代学和岩石成因研究基础上，近年来不断开拓新的研究思路和研究方法，其中在我国几个重要的活火山，例如长白山、腾冲火山的研究中，取得了不少新成果。

刘院士较早关注并开展了火山作用及其相关的环境与气候变化研究。他注重火山相关的火山喷发导致的碳排放与气候变化、火山温泉、玛珥湖的环境沉积记录。火山活动是地球深部碳循环的重要环节，火山岩在火山喷发期释放温室气体的同时，在休眠期也能向大气圈中释放大量温室气体。他和研究团队致力于中国新生代火山区温室气体释放通量与成因研究，认为深入研究活火山（包括休眠火山）区温室气体释放通量与成因对于估算火山来源温室气体的释放规模、建立火山未来喷发预测 – 预警体系、深入理解岩浆脱气过程与机制等问题均具有至关重要的现实意义和科学价值。

刘院士是一位火山学家，他在中国全境火山研究的同时，十分注重东亚，包括朝鲜和韩国的火山岩研究。笔者之一在 2005 年 7 月曾与刘嘉麒院士一起，应韩国济州火山研究所所长 Myung-Sik Jin 博士之邀，参加了在韩国济州岛召开的东北亚火山国际学术研讨会。会议期间，刘院士作为重要嘉宾，介绍了中国东部火山岩和朝鲜火山岩的研究结果，得到了与会代表的高度重视和关注。在研讨会之后的济州岛火山野外考察过程中，刘院士介绍了济州岛玄武岩的特征，并且结合与济州岛具有相似时代和成因的东北五大连池和牡丹江、长白山

玄武岩，给我们介绍了火山岩隧道的成因和很多新生代玄武岩的知识，给我们上了一堂生动的野外火山岩实习课。

2005 年 7 月刘嘉麒院士在韩国济州岛的东北亚火山国际学术研讨会与韩国学者交流

2005 年 7 月刘嘉麒院士在韩国东北亚火山国际学术研讨会后对济州岛火山岩进行野外考察

刘院士的研究思路开阔，他较早提出了中国东部地区火山岩可以作为油气的储层。刘嘉麒院士在 2006 年 6 月召开的大陆火山作用国际学术研讨会上，提出我国石油界已经开始了第三次创新，即寻找火山岩油气藏，我国在东北、华北和西北地区已取得新进展。众所周知，沉积岩，尤其是孔隙度适当的碳酸盐、砂岩是最好的生油层和储油层，是理想的油气藏，是石油勘探中寻找的最合适的岩石类型。由于沉积作用和火山作用之间的"矛盾"，传统成油理论自然是找沉积岩、躲开火山岩。刘院士较早注意到火山岩在生油和成油过程中的作用。他注意到日本、美国、俄罗斯、阿根廷、古巴等国家，从 20 世纪 80 年代就开始了火山岩油气藏相关的基础研究和勘探看法的应用研究，尽管发展时间不长，但是显示了很好的前景。我国石油界在辽河油田中生界火山岩中获得了工业油流，大庆油田在松辽盆地北部的徐家围子地区也发现了典型火山岩作为储层的天然气藏。刘院士以扎实的地质基础和宽阔的思路，将传统火山岩的研究，扩展到了更大的范围。

二、热爱地学教育事业和地学科普，倾力帮助青年人才成长

刘嘉麒院士是中国地质大学（北京）兼职博士生导师，他为学校的地质学学科发展，为火山学和第四纪地质学专业的建设和进步倾注了心血。他注重培养青年教师，帮助提升科研能力和研究水平。从 2010 年以来，他已经指导了研究生 10 名，其中毕业博士生 5 人，在读博士生 3 人，在读硕士生 2 人。培养的学生都已经在各自的工作岗位发挥着重要的作用。近年来尽管他年龄超过 70 岁，但是还不改地质人的秉性，他矫健的身影时时出现在学校青年学生中，是学生们专业学习和人生成长的楷模和导师，更是学生的良师益友。他不辞辛劳，多次为我校研究生授课，传授地学知识、培养青年人才，为学校的学科发展作出了全面的贡献。

刘院士还多次在我校开设研究生课程。例如 2011 年 4 月 8 日到 5 月 6 日在我校开设了 15 学时的研究生名师讲堂，课程名称为"火山学"。由于刘院士白天工作繁忙，他的课程都排在晚上 7 点到 10 点上课，非常辛苦！

　　刘院上的课程告诉大家，火山学是研究火山、火山作用和火山活动规律的科学。火山和火山喷发物是广泛存在的地质体，火山作用是唯一能贯穿地球各个层圈，影响极其广泛的地质作用，从地球乃至天体的形成演化，到气候环境变迁，许多自然过程都与火山作用密切相关；它创造的自然财富和引起的自然灾害又极大地影响人类的生存与发展，因此，无论从科学理论上，还是实际应用上，火山学都具有重要意义。它涉及地貌学、矿物学、岩石学、岩石物理化学、地球化学、地球动力学、灾害地质学等研究领域，是一门系统科学，是地学范畴的专业课。凡是从事地球科学研究的学生和工作人员，都应了解或掌握这门科学，研究生应根据所学专业的需要将其作为必修课或选修课。

　　刘院士的课程，在短短时间内，详细讲述了火山与火山作用、火山喷发物的性质与分类、火山的时空分布及形成机制、中国火山、火山资源及其利用、火山灾害及其监测等丰富的内容。本次名师讲堂受到了研究生的极大欢迎，第一次上课大约80人的座位爆满，另有10多位同学站着听课。本次名师讲堂由白志达教授和赵志丹教授组织完成。期间除了研究生外，笔者与莫宣学院士等多位老师，包括喻学惠、周肃、刘翠、柯珊等，参加了课程首次授课，并参加了绝大多数的课程听课。刘嘉麒院士的讲课内容丰富，很多国外的火山都是他亲身考察和研究过的，都是第一手资料，时时更新的内容极大丰富了我校地质学研究生的课程，受到了师生的真诚欢迎和喜爱。

　　我校孙善平教授、李家振教授等老一代火山学研究者曾做出了大量的研究工作，但是近年来仅有白志达教授等很少的老师在专攻火山学研究了，因此刘院士的课程，又为青年学子大大扩充了火山学知识，介绍了最新研究进展。在授课过程中，刘老师还贯穿自己求学经历，分享他的科学人生的故事，在朴实的话语中蕴含了立志做国家和社会有用的人和浓浓的爱国情怀，既有专业知识，又给学生们生动演绎科学家执着追求和超越自我的精神，勉励学生奋发进取、不懈努力，追求奉献的人生。每次课程结束，刘老师都要细心回答研究生们提出的学术问题，直到很晚。刘老师不仅以渊博的知识培育人，也以谦和的态度教育后辈，显示了一个大科学家值得学习的品质。

　　刘院士还身先士卒，积极推动中国科普事业的发展。他对于科普工作有着自己独到的理解，他把个人从事的专业与大众科学知识提升有机结合，尽力做到提高社会成员的科学认识。例如，他在2009年发表讲话时提出，要真正把国家的方针政策变成群众的行动，有一个很艰苦的过程，国家对科普工作比以前重视了，但在重视的同时也还存在着许多问题。一个问题是大家对科普工作在理念意义的理解认识上还不够深刻，还没有从科学发展观的高度来认识科普工作的重要性。科普工作的最终目的是提高全民的素质。如何提高全民的素质？怎样能够把我国的科普工作提高上去？目前科普工作缺乏高层次的科普人才，还缺少高水平的作品，更谈不上有多少精品、极品。要将文学艺术与科学内容有机地结合起来，这是科普创作的一个难题。要大力培养年轻的科普创作队伍。这些是十年之前对于中国科普现状的分析与建议，对于现今科普工作现状仍然具有十分重要的借鉴意义。

他在第11届北京科学传播创新与发展论坛暨2013年北京科学嘉年华国际论坛上也明确提出"科学普及是一种文明、一种素养，它有着净化社会的功能"，"人类的历史就是一部科学发展史，科学无时无处不在。但是科学只有被认识、被掌握才能为人们所用，并发挥其功能"，"科学技术一旦被广大群众所掌握、应用，就有广阔的发展空间和巨大的生命力"，"科学普及的重要性不亚于科研创新"。他在2014年召开的全国科普理论研讨会上，还深入探讨了科普的理论问题，他说就科普的科学性，科研的水平决定着科普的水平，但科研与科普又有着本质的不同。科研的灵魂是创新，是探索，它充满着疑问和求证。而科普，除了在传播手段上的创新之外，在科学内容方面，重要的不是创新，而是尊重。它的根本任务是传播，是把人类已经取得的成熟的科研成果传递给广大公众。

刘院士积极培育青年科普队伍的后备力量，例如给中国科协主办的2017年度科普培训班的学员们上课，进一步提出科普的本质，认为科学性是科普作品的内涵，是科普的灵魂，科普需要通俗易懂，让外行人明白，内行人又感到不俗，科普作家和科技人员要担起科学普及的责任，对于推动地方科协工作者、学会机构科普部门负责人、高校科普工作者、学会科学传播专家、青少年科技辅导人员、社区科普工作者、农村科普工作者等全方位的队伍建设作出了贡献。

刘院士在2018年写给《科普时报》创刊3个月的祝贺文章中，还明确提出，科学家要积极响应习近平总书记的关于"科技创新、科学普及是实现创新发展的两翼，要把科学普及放在与科技创新同等重要的位置"的指示精神，科研工作者，特别是高级知识分子，在做好本职工作的同时，都应把科学普及视为天职，视为本职工作的一部分，积极主动地把自己掌握的科学理论、科技方法、科技成果，有的放矢地传播给广大民众，让科学普及与科技创新比翼高飞。只有两翼齐飞，才能飞得高，飞得远。

近年来，刘嘉麒院士将地球科学知识的普及作为自己的重要使命和责任。他曾从2007年开始担任中国科普作家协会理事长、名誉理事长、中国科学院科学普及与教育委员会委员、世界自然遗产专家委员会中方主任等社会职务，他的科普讲坛遍及各类高校、中小学、各类社会单位，甚至到普通街道，听众从小学生、中学生、大学生到机关干部和普通群众；他的科普范围从火山到环境、到极地、气候、经济发展，从自然灾害与人类生存到极地探索与人类未来，极大提高了大学生和社会群众对于地学的认知，为提高大众科普做出了很大的贡献。他还为中国科学技术协会科普专项资助的"十一五"国家重点图书出版规划的海洋地学科普丛书亲自执笔作序，推动科普读物出版。我们从中看到，作为自然科学家，他所关心的除了专业研究的进步和成就，他更加关心全民族、全社会的文化素质、科学素质和精神品质的提升，让我们看到一个科学家对于祖国和民族的深厚感情和执着的热爱，值得我们青年科学家学习，做好科研的同时，也要关心科普、投身科普，提高全民族的精神和素质。

三、尊重老一辈地质学家，弘扬献身祖国地质事业的崇高精神

2017年6月25日是池际尚院士诞辰100周年纪念日，中国地质大学在北京地大国际会议中心召开纪念池际尚院士诞辰一百周年座谈会暨学术研讨会。来自中国地质大学（北京、武汉）、北京大学、南京大学、西北大学、中国科学院地质与地球物理研究所、地球化学研究所、广州地球化学研究所等单位的

代表，以及池际尚院士家属等约 100 多人参会，共同缅怀先生的杰出贡献，追思她的崇高风范。纪念会同时设置了"大地的女儿——纪念池际尚院士诞辰 100 周年"图片展。

池际尚院士为中国地质大学杰出的岩石学家和地质教育家，在召开纪念池际尚院士 100 周年诞辰会议前夕，2017 年 6 月 11 日，我们给刘院士呈送了邀请信，邀请他 6 月 15 日出席池际尚院士 100 周年诞辰纪念会及相关活动，他说一定出席。刘嘉麒院士出席了纪念座谈会，并且深情回忆了池先生当时参加他的博士论文答辩会的情景，和先生学习等工作与生活中点滴，表达了对老一代地质学家的敬仰和怀念之情，他说纪念池际尚先生，就是要学习她赤心报国、矢志不渝的家国情怀，学习她甘为人梯、提携后学的高尚情操，先生的精神，将永远激励着我们不懈奋斗。我们从刘院士的发言中，清晰感受到了刘院士对于老一辈地质学家的尊敬和深情厚谊，感受到了老一代地质人的谦虚和传承，值得我们好好学习。刘院士与地质前辈的求真务实的精神、艰苦奋斗的精神，都是值得我们后辈地质人学习的，我们要以他们为楷模，献身地质事业，为祖国地质工作和地质教育做出新贡献。

2017 年 6 月刘嘉麒院士出席纪念池际尚院士诞辰一百周年座谈会暨学术研讨会
二排右 1 为刘嘉麒院士，四排左 9 为本文作者邓军教授，五排左 4 为本文作者赵志丹

四、关注产学研全链条 助力地方经济腾飞

刘院士积极推动产学研，推动地方经济发展的热情，体现了一个地质学家、一个祖国培养的科学家献身祖国、帮助地方经济发展的情怀。刘院士近年来，从火山岩年代学和地球化学研究的专家，从研究了大量的玄武岩火山岩和岩石的专家，发展到应用玄武岩，发展玄武岩纤维，推动地方经济发展的专家。

从地质上说，跨越四川、云南、贵州三个省，总面积超过20多万平方千米的二叠纪峨眉山玄武岩，是分布面积广、快速喷发的大陆溢流玄武岩。这套玄武岩的产出直接成为当地玄武岩纤维的材料。玄武岩纤维是21世纪绿色新材料产业之一，国家重点支持该类战略性新兴产业发展。四川省广安市华蓥是四川玄武岩的主产地，经初步勘探，已探明储量约2400万吨，远期可采储量达8000万吨以上。华蓥玄武岩产业有良好基础，正在依靠科学，寻求新发展新突破。2018年12月，四川广安刘嘉麒院士工作站及广安玄武岩纤维原料研究院成立暨签约仪式在华蓥市举行，华蓥市能够借助刘嘉麒院士的技术优势、专家团队，全面提升华蓥市玄武岩纤维新材料产业的科研能力及科研成果转化运用能力，将为华蓥打造全国一流的玄武岩连续纤维原料、原丝及其复合材料生产基地注入强劲新动力。

刘院士积极参与和指导广安市的玄武岩产业进步。2019年6月四川省广安市玄武岩纤维产业创新发展座谈会暨战略合作签约仪式在北京举行，100余名来自国家部委、省直机关的相关领导以及科研院所、高校专家、企业界人士，共同助力小平家乡加快发展、高质量发展。笔者所在的中国地质大学（北京）也在本次仪式上签定与广安市校市双方的战略合作协议。学校也多次应邀与广安市代表团进行合作研讨，并多次参加广安市、华蓥市等有关玄武岩纤维和产业战略发展的研讨会。地大在玄武岩等新材料产业方面拥有较强的科研实力和大量的科技人才，将大力支持共建联合实验室、工程技术(研究)中心，联合申报实施国家、省级重大科技项目、开发玄武岩纤维产品，不断提升玄武岩产业水平，争创"国家玄武岩产业创新中心"。刘院士撰文介绍玄武岩连续纤维，

玄武岩的开发、生产、应用，并且详细分析玄武岩连续纤维产业的发展现状、存在问题，给出产业未来发展建议。

每一次产学研的座谈会和研讨会上，我们都看到刘院士精神饱满、思路敏捷，作为专家代表，发表自己的观点和建议，帮助广安出主意、想办法。充分发挥院士工作站、院士专家的作用，为当地经济腾飞做出重要的贡献。

2019 年 6 月刘嘉麒院士出席四川省广安市创新发展座谈会暨战略合作签约仪式

不忘使命担当　科普再铸辉煌

张志林（中国科学院）

中国老科学技术工作者协会于 2019 年 12 月授予刘嘉麒院士"中国老科协 30 周年科协工作先进个人"证书及荣誉奖章。2016 年，中央宣传部、科技部、中国科协联合授予"中国科普工作先进工作者"称号。嘉麒老师在科学研究取得突出成就的同时，高度关注公民科学素质的提高。他作为"科普论坛"报告团专家，后又受聘为中国老科协科学报告团专家，特别关怀领导干部素养的升华、年轻一代的健康成长，应多个省、市、区领导机关、党校的邀请，作了上百场科普报告。他走上中国科学院"科普论坛"讲台，为老干部讲授科学知识；走进各地大专院校、重点中小学，励志青少年爱国报国；深入多个社区，服务基层干部、群众。他担任中国科普作家协会理事长 9 年多（现任荣誉理事长），作为主编，负责创作、编撰多部科普书籍，多次获奖。参与中央电视台、新华社、人民日报、中国科学报、北京电视台、光明网、腾讯网等媒体的节目制作，并作为一些媒体的科学顾问。

令我铭记的是，2003 年，我受中国科学院老科协的委托，创建"科普论坛"。经恭请，嘉麒老师欣然加盟，亲历、见证了"科普论坛"从无到有，发展壮大的历程，并为之做出了重要贡献，在"科普论坛"发展的历史上留下了永恒的印迹。中国科学院"科普论坛"于 2010 年 5 月被中央宣传部、国家科技部、中国科协联合授予"全国科普工作先进集体"称号。我作为具体工作者，感恩嘉麒老师！并代表广大受益听众向老师致敬！

嘉麒老师是享誉海内外的著名地质学家，适应听众渴求，作科普报告不断变换题目、版本，飨听众以丰厚多彩的内容。唯独不变的是：精益求精，高度负责，以详实的数据，绚丽的画面，贴切的案例，特别是，老师在攀登世界科技高峰中，锻造了精湛的摄影技艺，在多次赴"三极（南、北极，青藏高原）"考察、到多国交流中留下的珍贵照片，普及科学知识；以辨证思维，长期科研、科考积累，传播科学方法；以高尚品德，创新精神，人格魅力，传承、弘扬科学精神；以强烈的信仰、初心，歌颂党和祖国，推动爱国报国，热爱科学，把每场报告塑造成为爱国主义教育课！老师所到之处，如强劲的春风吹拂，生机勃发。听众众口一词：刘嘉麒院士永远是我们学习的楷模典范。

我常跟随老师聆听报告，每次都深感知识增长，精神振奋。精彩报告的盛况，历历在目！信手拈来，展示几场：

一、传承、发扬优良传统，励志年轻一代爱国报国

嘉麒老师应河南省老科协邀请，为安阳师范学院、安阳工学院、平顶山学院的师生和平顶山市湛河区干部作了4场科普报告，1600多人聆听。刘院士以《留下消失的身影——一个普通人的致事感悟》为题，讲述了自己"漫漫求学路，两读研究生，从山村孩童到科学院院士"的成长经历，情真意切地阐释了"做人要立志、立志先做人，在人生抉择的时刻尽可能把命运掌握在自己手中，勇于实践，敢于创新。"最后深情地说："历久弥新的中华民族精神是中国人民培育的！中华民族迎来了从站起来、富起来到强起来的伟大飞跃，是中国人民奋斗出来的！期待学子们为国报效！"大学生们振奋，深感上了一堂生动的品德教育和人生励志课。

嘉麒老师来到辛亥革命的重要组成部分——滦州起义发生地滦县，为滦县一中500多名学生作题为"极地的神奇与奥妙"的报告。老师以亲历极地科学考察的感受，亲自摄制的绚丽照片，带领大家领略了奇妙多彩的极地世界；讲述了南北极的地质构造、地理位置、资源储量、景物奇观、气候变化等科学知识，使同学们深感"享用"这"极地盛宴"，增长了知识，开阔了视野，振奋了精神……。嘉麒老师语重心长地说：极地对人类社会来讲，是科学的殿堂、创新的源泉、地球自然资源的最后储备地、人类生存的最后栖息地，具有极其重要的经济、政治和军事意义。中华民族不仅要知晓自己拥有的陆

地和海洋，也要着眼极地和空间，那是人类共同的财富。最后更谆谆教诲：我们应该也能够在极地事业中更有做为。希望同学们将来能够在极地开发事业中崭露头角！主持报告会的校领导深情地说：我们要向敬佩的刘院士学习。希望同学们要以报告会为契机，更新认识，摒弃拜金、拜权思想，做一个对国家、对社会有用的人！

嘉麒老师应海淀区实验小学邀请，为 800 名师生作报告，题目是："人生当自强——留下消失的背影"。这重点学校的同学们以少先队员最崇高的敬意盛情迎接老师，会场响起长时间热烈的掌声，为老师戴上红领巾。嘉麒老师满怀深情地回顾了执著攀登的一生，留下的足迹、背影。他说："人生不可复制，路要靠自己走，这个历程是一个人人生观、世界观形成的过程。""体会很深的是：小学是基础，中学是关键，大学是提高，研究生是深造。希望同学们扎实、勤奋学习，夯实基础！最大的浪费，莫过于挥掷时光；最大的珍惜，莫过于时不虚度。成功在再坚持一下之中。不怕没机会，就怕没准备。有充分准备，终会赢得机遇！""一个人成功的因素很多，重要的是要有好的品德，好的学习习惯。德智体，德是第一位！这是根基！"他描述了自己在面对人生的抉择时，"客观地评估自己、设计自己，定下献身科学的大目标，然后义无反顾地朝着大目标走去。在前进的道路上会遇到很多困难，但困难是双刃剑，它能磨砺人、锻炼人！"他深有感触地讲述了自己亲身经历的七大洲科学考察和"三极"科学探险，展示了自己亲手摄制的弥足珍贵的照片。告诉同学们，献身祖国，与大自然共生存，其乐无穷！"人生有三个'养育之恩不能忘'：给你生命的父母，给你本事的母校、老师，给你尊严的祖国！"他深情地告诫同学们。老师的话音刚落，同学们沸腾了，纷纷要求与老师合影，气氛甚感人！校长说："刘院士给同学们上了一堂生动、实在的德育课，必将产生持久的重要的影响！学校要制成光盘，在全校播放。"

嘉麒老师应邀走进中科院精神浸润的学校——中科启元学校，为三年级的全体师生报告"漫谈地球科学"。报告开始，老师将地球化身为太阳系八个兄弟中的天之骄子，因为它为人类生存提供了所需的矿产资源和能源。"要向地球索取资源，就要通过地球科学去研究、寻找和开发。地球科学是探索地球奥秘的科学。"老师深入浅出地解说。接着，讲解了目前我国在能源开发及消费方面的情况，让同学们了解当前科学家在开发能源方面进行的探索和取得的成就，认识能源对于一个国家的极端重要性。并鼓励大家热爱地球，长大后继续探索、开发人类可持续发展的能源。老师在讲解了六种自然灾害之后，为地球科学作总结："地球科学工作以天地为己任，山川作课堂，揭宇宙之奥秘，探地下之宝藏，为人类谋福祉，助国家变富强。是无限崇高、无比豪迈的事业！"鼓励同学们在今后的求学道路上多关注地球科学，在大自然中拓宽眼界，增长知识，培养征服大自然的本事，更要与大自然和谐相处，爱护、保护大自然！老师的话音刚落，师生们报以热烈的掌声。互动开始，同学们列队向老师求教。老师倍加赞誉：别看他们年纪小，知识面挺宽，思考的问题挺深，很聪明，很可爱！老师寄语同学们："少年兴则国兴，少年强则国强。大家要从小立志锐意进取，自强不息，今天为振兴中华而勤奋学习，明天为创造祖国辉煌贡献力量！"长时间热烈的掌声再次响起，并向老师送上了亲手制作的小礼物，还请老师留下手印作纪念。

　　嘉麒老师应邀为中央美术学院师生报告"神奇的火山"。刘老师作为著名国际火山学家，开场以既专业又幽默的语言阐释了火山是地球及其他星球上最壮观的地质景观，是星球的灵魂和有生命力的象征；它贯穿于地球的整个时空，在地球演化中扮演重要角色，与生命起源和生物演替相关，对全球气候变化产生重大影响。随后从火山的概念入手，剖析了火山的形态特征、类型及辨识方法，火山的形成过程；又从世界各地的火山聚焦到中国境内火山，从陆地火山到海底火山……。接着，老师说，火山作为一种地质作用，它给自然界和人类社会带来了很大灾难，也塑造了气势磅礴、绚丽多彩的自然景观，为人类创造了丰富的财富，除了大家熟知的矿产资源、地热资源、温泉及文化旅游资源外，火山岩还成为寻找油气藏的重要方向，从而开辟了油气勘探的领域。报告引发师生们的各种遐想。面对师生们的奇思妙想，老师响亮地提出：天下兴亡，匹夫有责！希望同学们适应时代发展的需求，强化自信，顽强拼搏，夯实基础，为实现中华民族伟大复兴做贡献！经久不息的掌声，表达了师生们的振奋、感谢！

二、牢记信仰、忠诚、担当，鼓励为中华民族伟大复兴奉献

嘉麒老师应邀作"气候变化与经济转型"报告，他以大量的科学考察和分析数据，从气候问题、影响气候增温的原因、因素和深化改革，加快经济转型三个方面做详细的解析。并进一步以北京的今昔对比，讲解要建设绿水青山，就需要加快经济转型，发展清洁能源，改变传统的消费和生活方式，实现生态文明和绿色文明。最后，老师说：绿色是生机勃勃的象征，要牢记习近平总书记的重要讲话精神："绿水青山就是金山银山。"既要保护好原生态，防止荒芜与污染，更要建设资源节约型，环境友好型社会，实现绿色GDP，绿色经济，绿色环境，绿色生活。并谆谆鼓励年轻优秀的后备干部们："一个民族的崛起，一个国家的强大，从来靠的是奋斗，靠的是先进的技术力量和绝不认输的劲头！""我们比历史上任何时期都更接近中华民族伟大复兴的目标，党中央带领开创了一条堂堂正正的中国道路！我们要把爱国情、强国志、报国行统一起来，把自己的梦想融入人民实现中国梦的壮阔奋斗之中，祝愿同志们把自己的名字写在中华民族伟大复兴的光辉史册上！"学员们振奋不已，报以长时间热烈的鼓掌。

嘉麒老师服务中国科技周，为海淀区统计局80多位领导干部、公务员报告"自然灾害与人类生存"。"人类来源于自然，依赖于自然，受制于自然，还要回归于自然。"老师开宗明义，点明了人类与自然的关系。他继续说，人类生存所需的一切几乎都是从自然界索取的；人类需要面对各种自然灾害，比如：地质、气象、海洋、生物、空间和其他灾害。老师以翔实的资料，重点讲解人们渴求了解的灾害。讲地震，展示了全球地震的分布，阐释震源、震级与裂度的关系，中国强震及地震带的分布。告诉大家：现地震频发，并具上升趋势，次数增加，级别升高。讲火山灾害，在让听众观看惊心动魄的火山喷发小视频后，讲解了全球的火山分布，火山喷发产生的火山碎屑流、泥石流、熔岩流及火山灰、火山云，给人类带来的重大灾难。还讲了沙尘暴、雾霾、海啸、赤潮。并以图片展示了科学家预言的本世纪10大灾害、危险指数及70年内发生的机会。最后，与大家分享经历重大自然灾害之后的启示：自然灾害多是突如其来的，

加强预报研究，强化科学普及，加强防灾减灾教育，提高防范意识；充分发挥社会主义制度的优越性，把握自然灾害形成的机理，探索发生的规律，提高防灾抗灾的能力。当荧屏上出现汶川大地震今昔对比的图片时，老师动情地说，"大难面前展示了民族精神和祖国的希望，领导率先垂范，全民齐心协力，海外华人大力支援，涌现了无数可歌可泣的动人事迹。中华民族伟大的品德，大爱无疆，是一笔宝贵的精神财富！""我们现在享受的盛世太平，是因为有人负重前行！一个人没有精神不行，一个民族没有精神更不行。一个民族、一个国家，如果没有自己的精神支柱，就等于没有灵魂，就会失去凝聚力和生命力！"长时间热烈的掌声响起，是赞同，是感激！

　　嘉麒老师应海淀区曙光街道邀请，以"生态环境与人类生存"为题作报告。曙光街道工委书记和150位街道机关和社区干部聆听。老师以"人类是地球的主宰"开篇。话锋一转，说："人类在依赖和适应环境变化中产生和发展"，"人类与生态环境的相互依存大体经历了三个阶段"，"人类在向大自然索取过程中给自身带来了灾难"。我们国家发生了天翻地覆的变化，面对严峻的环境与气候问题，国家正积极寻求新的经济增长模式，加速经济转型，大力发展清洁能源。基层群众也应加强责任意识，共同采取行动，加强自我约束，努力构建生态文明和绿色文明。这是关系人民福祉，关乎民族未来的长远大计。最后以"合抱之木，生于毫末；九层之台，起于垒土。所有的成功都是无数努力后的水到渠成"结束。报告引起了大家强烈的反响。

　　我们清晰地看到老科学家作为民族的脊梁，以精神、知识、责任、担当，普及科学知识，弘扬科学精神，传播科学思想，倡导科学方法，为祖国建立宏大的高素质创新大军铺路！

　　　　正是：　科学研究创辉煌，科学普及谱新篇；
　　　　　　　　老树春深更著花，又见流光霞满天；
　　　　　　　　淡泊明志初心在，丰碑矗立人心间！

助力中国第四纪研究事业快速发展的推手

袁宝印（中国科学院地质与地球物理研究所）

1978 年刘嘉麒考取中科院地质研究所所长侯德封先生的研究生，研究方向为地质年代学。1980 年侯德封先生去世，后又考取刘东生先生的研究生继续完成有关学业，毕业后调入第四纪地质研究室工作。我作为刘东生先生麾下的一名年轻研究人员自此开始认识刘嘉麒，接触过程中发现刘嘉麒为人谦虚谨慎、诚恳大度、能虚心听取别人的意见，于是我们经常一起深入讨论工作和生活中的问题，使我获益匪浅，遂成莫逆之交。今年恰逢刘嘉麒院士从事地质工作六十周年，回忆往事，兴奋与感慨良多，遂撰此文。

地质科学十分庞杂，是包括大地构造、地层、矿产、工程水文等多门类的实证科学，涉及地球形成后四十多亿年以来的地球发展历史，而第四纪只涉及二百六十多万年以来地球最近的地质演化过程，在地质科学领域仅是"小弟弟"的身份。在中国地质科学发展的早期，第四纪地质并未受到重视，开展该领域研究的人很少。然而由于第四纪地质与人类发展和经济建设密切相关，新中国成立后还是受到许多知名地质学家的重视。侯德封先生是我国早期地质科学领域的领军科学家，主要从事矿产资源、地层等方面的研究，20 世纪 50 年代起任中科院地质研究所所长。1954 年在侯德封所长决策下，中科院地质研究所成立第四纪地质研究室，指定刘东生先生任室主任。刘东生先生虽是中国地质界的后起之秀，却并非是专门从事第四纪地质研究的学者。当时第四纪地质研究室汇集了 20 几位年轻地质工作者，国家也正处于经济建设大发展时期，中国又广泛发育第四纪沉积与地层，可谓天时、地利、人和。侯德封先生以其敏锐的科学远见，安排刘东生先生带领第四纪研究室人员参加了 1956 年中科院组织的"黄河中游水土保持综合考察队"，开始了黄土高原的黄土地质考察。黄河中游流经黄土高原，水土流失严重，黄河水患频发。毛主席提出"一定要把黄河治好！"黄土高原考察即为国家治理黄河组织安排的科学项目。刘东生先生在考察中发现治理黄河水土流失需要解决的首要科学问题是黄土的成因与地层，而这也正是当时激烈争论的科学难题。刘东生先生带领年轻人员对黄土高原进行了全面、长期、深入的野外调查，并建立了相应的实验室对黄土粒度、矿物和化学成分等进行了精确分析测定，这在当时地质研究中已处于世界先进水平。同时，刘东生先生把野外资料和实验室分析结果总结提高，确定黄土高原的黄土为风成沉积，并划分出午城黄土、离石黄土和马兰黄土等地层。于20世纪60年代先后出版了《黄河中游的黄土》《中国的黄土堆积》《黄土的物质成分与结构》等专著，这是举世瞩目的科学成就，引起国际地质科学领域的高度关注。这是中科院地质所第四纪地质研究室第一个兴旺时期，正当刘东生先生计划将黄土研究更上一层楼时，国内形势发生了巨大变化，第四纪地质研究室进入了一个低谷时期。

20世纪60年代中期，中央提出"三线建设"计划，许多重要部门、工厂和科研单位迁往三线。于是，在1966年中科院地质研究所将重要的研究室和实验室迁往贵阳，建立了贵阳地球化学研究所。刘东生先生率大部分第四纪研究室人员和实验室也迁往贵阳地化所，仅丁国瑜和少数研究人员留在北京。这是中科院第四纪地质研究室最困难的时期，我就是这个时期从中科院古脊椎动物与古人类研究所研究生毕业被分配到中科院第四纪地质研究室工作的。

在贵阳地化所刘东生先生不可能继续进行黄土研究，只能将研究方向确定为与当地有关的地方病。在北京的第四纪研究室人员也要确定新的研究方向，六十年代末到七十年代中国北方地震频发，于是确定新构造运动和地震为主要研究方向。不久，中科院地质研究所又再次分割，研究地震的人员划归国家地震局，成立地震局地质研究所。原来第四纪地质研究室的人员大部分划归该所，只有吴子荣、袁宝印、高福清等三五个人留在地质所，只能组建第四纪研究组归入地层研究室，这是第四纪地质研究室最黯淡的时期。由于当时人员条件和研究经费限制已不可能继续开展黄土研究，只能选择离北京较近的泥河湾盆地为主要研究地区，对这里的湖相沉积开展研究。

1979年刘东生先生从贵阳地化所调回到北京中科院地质研究所。他作为第四纪研究组的老先生重新确定以黄土为主要研究方向，可是原来黄土的骨干研究人员已分散在地震局地质所、贵阳地化所、广州地化所等单位，他们都有自己的研究任务。刘东生先生这时只能临时联系有关人员组成小型的黄土野外调查组，调查回来后根本无法随时一起研讨有关学术问题，更不可能组织有重大目标的研究课题。何时能重振第四纪地质研究室充满不确定性。正在这时全国开展向科学进军，同时提倡开展国际合作。1982年中科院批准恢复第四纪地质研究室，刘东生先生任室主任，并接任原来由侯德封先生担任的中国第四纪委员会主任之职，吴子荣任秘书长。可见重振第四纪地质研究室的时机已经到来了，然而却面临诸多困难。首先研究人员缺乏，研究骨干仅三四人，按当时的政策，外地研究人员又不能调回北京，因此无法组织开展重大课题的研究队伍。其次，刘东生先生年事已高，不能亲自参加长时间的野外调查。还有当时国际第四纪研究快速发展，深海、两极都已成为全球气候变化研究的重要领域，中国第四纪研究与国际水平差距越来越大。也就是在这样的形势下，刘嘉麒完成研究生学业，正式成为第四纪地质研究室的研究人员。刘东生先生深知必须督促年轻研究人员加紧努力，才能争取在短时间内赶上国际水平。那时刘先生每天都准时到办公室，几个研究骨干立刻会集过去。刘先生开始把大家的工作严厉地批评一遍，指出不足和错误之处，又提出进一步工作的要求。天天如是，大家的工作压力之大可想而知。现在回忆起来，才领悟当时刘东生先生急于促使我国第四纪研究追赶国际水平的迫切心情，刘嘉麒也就是这个阶段开始了他的第四纪研究事业。

刘东生先生是知名学者，担任许多学术组织的主席和一些研究机构的领导，社会活动繁多，他又需开展一定的研究工作，负担很重。为此，1984年刘东生先生辞去第四纪地质研究室主任之职，由吴子荣接替。但出于健康原因，不久后由刘嘉麒任第四纪地质研究室主任，承担起在第四纪地质研究室最困难时期推动我国第四纪研究努力前行的重任。

为了追赶国际第四纪研究水平，首要任务是组织强有力的研究队伍。当时从外地调人到北京非常困难，需要劳动部批准，所以不可能把在贵阳、广州或西安工作的第四纪地质研究室原有骨干力量调回北京。于是，刘嘉麒与刘东生先生一起积极培养新生研究力量，招收研究生和吸收国外留学人员，从此第四纪研究室人员不断壮大。其次是紧密结合国际前沿研究方向，开展国际合作。刘先生与刘嘉麒讨论后把第四纪地质研究室的方向确定为"过去全球变化"，把原有研究任务和课题与这个方向相结合，取得了许多研究成果。为更好地向国际展示这些研究成果，1987 年刘东生先生和较多中国学者参加了在加拿大渥太华举行的第十二届国际第四纪研究联合会大会。在会上较系统地介绍了中国第四纪研究现状，尤其是黄土 – 古土壤序列与古气候变化方面的新认识、新成果，引起各国学者的高度重视。于是争取到第十三届国际第四纪研究联合会大会在中国北京召开。每一届国际第四纪研究联合会大会都是国际第四纪科学的里程碑，而第十三届国际第四纪研究联合会大会正是随着世界经济发展、人类大规模工农业活动使全球气候环境不断恶化的时期，因此大会主题确定为全球环境变化与人类活动的关系。刘东生先生任大会组委会主任，孙枢任秘书长，刘嘉麒等任副秘书长。会议组织任务庞大而复杂，组委会下设秘书组、学术组、会务组、野外考察组、新闻组、展览组、财务组等。在这些繁重的组织工作中，刘东生先生只能抓总体布局和大的方向，具体事务主要由刘嘉麒等来组织和操作，工作量大，责任重。第十三届国际第四纪研究联合会大会于 1991 年 8 月 2 日 ~9 日在北京举行，除大会外包括 7 组 53 个专题讨论会，共收到论文 1768 篇，另外组织了 27 条野外路线考察，这是国际第四纪研究联合会历史上论文和野外考察最多的大会。大会充分展示了中国在黄土 – 古土壤序列、古气候与全球变化方面的研究成果，获得了各国第四纪学者的高度评价。大会后举行的国际第四纪研究联合会理事会的选举中，刘东生先生当选为国际第四纪研究联合会执委会主席。

第十三届国际第四纪联合会大会的成功召开，虽然充分显示刘东生先生领导的第四纪地质研究室已具备了强大的研究实力，但仍需要更上一层楼，朝更远大的研究目标前进。刘东生先生与刘嘉麒共同谋划组织重大研究项目，在 90 年代初争取到国家自然科学基金"八五"重大科研项目"我国干旱半干旱区十五万年来环境演变的动态过程与发展趋势"。这个项目不仅研究方向准确，而且能结合以前各项研究工作，如黄土高原的黄土、泥河湾盆地的湖相沉积等，还能吸收外地原来的骨干研究力量，还可组织必要的国际合作。于是中国第四纪研究把黄土、红土、湖相沉积、玛珥湖沉积等各方面的研究与全球变化相结合，提出了大陆沉积新生代全球变化序列，并与深海沉积氧同位素和极地岩芯粉尘反应的全球变化序列相对比，提出了完整的陆地第四纪全球气候变化序列，获得了国际第四纪研究领域的瞩目与高度评价。为此，2002 年刘东生先生获得"泰勒环境成就奖"，这是亚洲获得该奖的第二人，中国第一人，该奖项当时被认为相当于环境科学领域的"诺贝尔奖"。

纵观中国科学院地质研究所第四纪地质研究室的发展过程，20 世纪 80~90 年代是研究成果最多、水平最高的时期，不仅成功召开了第十三届国际第四纪研究联合会大会，刘东生先生当选为国际第四纪研究联合会支委会主席，又高质量完成了"八五"自然科学基金重大项目"我国干旱半干旱区十五万年来环境演变的动态过程及发展趋势"的研究任务，该项目于 1998 年 12 月获得中科院自然科学一等奖。2003 年刘东生先生获得国家最高科学技术奖。可以说这个阶段是中科院地质所第四纪地质研究室最辉煌的时期。也正是在这个阶段刘嘉麒担任第四纪地质研究室主任，后来又担任中科院地质研究所所长。这期间刘东生先生在第四纪地质研究室发展过程中处于总体指挥、把握方向的地位。但他年事已高，不可能具体带领和组织研究人员从事野外考察和实验室工作，而这些都是由刘嘉麒来倾全力去担当和操作，以他的组织能力和团结精神与第四纪地质研究室的人员一起共同努力完成的。可以说，在中国第四纪地质事业快速发展的时期，重要的研究课题和举措由刘东生先生谋划和指挥，刘嘉麒则倾全力助推这些研究事业快速前行的。而这些努力往往是别人所看不到的，我作为一个亲历者深知当时刘嘉麒呕心沥血、竭尽全力推动各项工作稳步前行的艰辛过程。在此同时刘嘉麒又需努力完成自己从事的第四纪火山、玛珥湖、第四纪年代学等研究课题，在这些领域取得了突出的成绩，发表了相关专著和许多重要论文，因此他于 2003 年被评为中科院院士。时至今日，刘嘉麒仍不顾高龄，坚持在科研一线努力工作，为周围同事所敬重，并成为年轻人的学习榜样。现在适逢刘嘉麒院士从事地质工作六十周年，特此祝他身体健康，科研工作不断创新，并希望他继续发挥对第四纪地质研究室工作的推动和督促作用。

同学　同事　朋友　兄弟

——记与嘉麒一起相处的日子

韩家懋（中国科学院地质与地球物理研究所）

　　记得第一次听到刘嘉麒的名字还是在 1979 年考刘东生先生研究生从贵阳回到北京以后。1978 年全国招收了首批研究生，1979 年是第二批。1978 年地质研究所老先生们基于改变研究"人才断层"的危机，卯足劲一下招收了 43 名研究生，其中张文佑先生一马当先，招收了 20 名；所长侯德封先生招收了 4 名。而 1979 年共计只招收了 14 名研究生。

　　刘嘉麒是地质所 1978 年首拨研究生的一员。我们刚到地质所报到，就有人介绍，地质所 1978 年招收的研究生中人才济济，尤其是侯先生的 4 名研究生个个了得。其中三人，都是中国科技大学毕业的高才生：许荣华，1963 年地球化学专业毕业；盛正直和梁卓成放射化学专业，分别于 1964 和 1965 年毕业；另一位刘嘉麒，毕业于新中国培养高级地质人才的摇篮——长春地质学院，1965 年本科毕业后曾为地质系主任、我国著名火山学家穆克敏教授的研究生，后因研究生制度取消，被分配到地质队。考研时，他已凭自己努力进入吉林冶金地质勘探研究所。确实，侯老的这四位研究生个个声名显赫，名不虚传。

　　因本人也曾于 1965 年从南京大学毕业后考入地质所，充任刘东生先生的研究生，得知刘嘉麒是同年的研究生，虽还未曾相识，却自然产生了一种亲近感。但两相比较，刘嘉麒年纪轻轻，就已经充任吉林冶金地质勘探研究所的研究室主任，而自己在科学研究上尚一事无成，相差之大，可见一斑。所以，初闻刘嘉麒的大名，可谓"如雷贯耳"，看到他的成就，就觉得令人刮目相看，留下了较深的初步印象。

　　只是这四位高足在他们尚未完成研究生学业时，侯老却于 1980 年 2 月长逝了。失去了敬爱的导师，便各自寻找新的导师，继续完成研究生学业。许荣华和梁卓成都来自贵阳地球化学所，就转投到不久前从地化所调回北京的刘东生先生名下，刘嘉麒转到鄂莫岚教授名下，完成了各人硕士阶段的学习。

　　1978 年入学的硕士研究生毕业，正好赶上了国家首次招收博士研究生。刘嘉麒矢志攀登科学高峰，就报了名，以他的水平当然如愿以偿。只是因著名岩石学家鄂莫岚教授当年尚未成为博士生导师，按照习惯做法，就挂靠到已经具有博导资格的专家名下。也许是有缘，刘嘉麒就挂靠在刘东生先生这里，实际上他仍是岩石学家鄂老师的博士研究生，而且明眼人也看得出，矢志高远的刘嘉麒一直醉心于火山岩和年代学的研究。

　　但无论如何，刘嘉麒算是入了研究组。那时我们俩虽然尚无很多交往，但相互之间，经过初步交流也有基本的了解。我得知他是辽宁北镇人，我们俩同时于 1965 年本科毕业，都报考了研究生，又因取消研究生制度而同样失去了继续深造的机会。

　　虽然我们的研究方向不同，在业务上没有交集，还是各干各的：他在火山岩和年代学方面耕耘，而我仍在黄土沟里摸爬滚打，能碰到一起的机会也不很多，但我们之间的友谊却已有了初步的基础。

　　地质研究所显然是出于希望后继有人的考量，在 1978 和 1979 年毕业的硕士研究生中选留下了一大批人，在这批人当中，大部分已成家，拖家带口的。因当时北京对进京户口的严格控制，都是单身在京漂泊，有着哪一天能在北京与家人团聚的共同期盼。嘉麒与我便是"同病相怜"的"难兄难弟"，这无疑也增加了相互之间的"亲近感"。而我也因出国学习，于 1985 年夏天去了比利时，有较长一段时间相互缺少了联系。

　　再次与刘嘉麒有某种牵连，发生在 1987 年我从比利时回国采样的时候。嘉麒当时大部分时间仍在新疆，不记得我们那时是否见过面，但对后来我们之间的关系影响深远的事件却实实在在发生了。

　　对我自己来说，留学之路可谓历尽艰辛，在出国一年半后才终于落实了博士资格，获准回国采样，正式开始了博士阶段的研究工作。回国以后只是忙于野外考察，采样，就较少顾及第四纪的事情。直到国外导师因事无法按计划前来考察我的野外工作剖面，要我在国内耐心等待时，才有点时间接触和了解地质所第四纪室的一些情况。

第四纪成立研究室已经在我去比利时以后，在刘东生先生以积蓄人才，着力培养年轻人作为首要任务的思路指导下，几年来卧薪尝胆，通过接纳新大学生，培养研究生等措施，积蓄了一批年轻力壮的生力军，整个研究室还是呈现蓄势待发的好形势。

正当研究室面临生机，新老交替之际，第四纪室发展急需一位新室主任来协助刘先生组织攻关，却在挑选的过程中出现了难题。现有的人员中，年龄合适的，难以被各方面普遍接受；年轻的，资历较浅，尚缺乏立即接班的实力。我向刘东生先生提出建议：启用正在新疆帮助工作的刘嘉麒到第四纪室出任主任。我的理由是无论从资历、年龄，他都是最合适的人选。另外，嘉麒擅长实验室工作，他如接任，对第四纪室地质实验室的建设一定也会有很大帮助。

后来的发展表明我的建议还是被各方面接纳了，嘉麒很快就于当年10月担任了第四纪研究室的主任。因一直在国外学习，所以对刘嘉麒任职第四纪室主任后的情况真正有所了解，是在1989年再次从比利时回国采样的时候了。

嘉麒在担任主任期间，除了发挥他自己的专长在黄土定年、黄土－古土壤年代框架进行了探索，还密切配合刘东生先生注意培养和引进人才，注重实验室的建设。不断寻找机会，安排研究室自己培养的研究生到国外顶尖的实验室跟随著名科学家学习进修；以各种方式吸引国内外毕业的博士研究生扩大研究队伍实力，形成了由刘先生统领，以中年科学家为骨干，带领一批年轻有为的新生力量组成了年龄结构合理的研究团队。因团队中几乎所有人都接受过国外的严格训练，因而被外界戏称为"多国部队"。嘉麒出色的组织能力，也在调配研究室的科研资源以及协调合作研究单位等方面，发挥了重要作用。为刘先生主持的国家自然科学基金委员会"八五"重大项目"我国干旱半干旱区15万年来环境演变的动态过程及发展趋势"以及国家"八五"攻关项目"南极更新世晚期环境演变"的圆满完成，并获得出色成果提供了人力资源方面的有力保彰；又借助在国内外顶尖实验室熏陶的年轻人，为建立我们自己的实验室奠定了良好基础，为项目执行中所需的装备发展做好了充分的准备。正是在不断磨合的过程中，他自己也很快融入刘东生先生的科研团队，是团队的骨干成员和出色的领导者，成为刘东生先生的得力助手之一。

1991 年我完成学业从国外回来，正是在北京召开的第十三届国际第四纪研究联合会（INQUA）大会紧张筹备的时候，也是嘉麒最为忙碌的时刻。第十三届 INQUA 大会是我国改革开放早期主办的大型国际会议。在现在的年轻人看来，办个国际大会简直就是"小菜一碟"。1991 年时，组织这样的大会可以用"难"加上"惨"两个字来形容。那时的中国，台式电脑还是"稀罕"之物，开始时，大会筹备委员会经申请才购得一台"286"，直到快开会，好不容易又增加了一台"386"，打印机也只是现在早已淘汰不见的针式打印机；应用软件更是缺乏，好多是由略懂编程的科研人员用"Basic"语言自己编写的；条件所限，使得筹备班子人员队伍庞大，来自五湖四海，谁都基本上是第一次触及如此规模的国际大会的操办，经验极度缺乏；那时，整个北京市能接待海外客人的宾馆屈指可数，且以不适合一般代表居住的"高档"酒店为主；信息沟通以信件、电报、传真为首选，拨个国际电话则是件稀罕事，一般单位哪有国际直拨，非得要到中科院或长安街的电信大厦，那时没有程控交换机，都要通过呼叫，接通的等待时间也就很长。就算国内长途电话，也要一级一级呼叫，接通亦并非易事。有时候即使接通了，噪声很大，得"中气十足"大声喊话，才能勉强听清；国内的银行系统大多不能办理海外业务，会议的支付以汇票或个人支票为主，办妥一份要费尽周折，跑好几趟银行也不一定成功。

考虑到筹备工作繁忙，回到国内第二天，我便到筹备处报到，当时见到的情景是一片忙碌：信息沟通的不便，常看到会务组、野外考察组、财务组各自拿着厚厚的一叠名单，在晚间大家空闲一点时来回核对，为 Jahan Smith、J. Smith 与 Smith J. 究竟是不是同一人而争论很久，有时候不得不查找杂乱无章的原始资料核对。在这种情况下，我其实也难插上手，就临时应召做点辅助性的工作。作为大会筹委会的执行副秘书长的嘉麒，说他被搞得"焦头烂额"一点都不为过，幸好他的能力让他较顺利通过了严峻的考验。

第十三届 INQUA 大会最后取得了圆满的成功，这中间既有各级领导的重视，刘东生先生亲自掌舵，也有秘书长孙枢先生运筹帷幄，协调各种关系，以及所有人员的共同努力的功劳，但我这个不会给人评功摆好的小弟，觉得筹备工作的一切具体事务大主管刘嘉麒，在当时国内各方面条件很差，"武器装备"又十分落后，领着一队人员组成庞杂，缺乏经验的队伍，能协力奋斗好几年时间，他对大会成功所做出的贡献肯定也是不应该被人们遗忘的。

嘉麒晋升所长后，我成为了第四纪室的主任。记得当时嘉麒（主任），宝印（副主任）和我（曾当过几天支部书记）与刘先生密切配合，工作中很好协调，互相支持，使第四纪研究室形成老中青三代人才组成的优秀科研群体，对推动第四纪室的发展，成为刘东生先生攀登国际第四纪研究顶峰的助力。

升任所长后，嘉麒在中国第四纪研究委员会中仍担任一段时间的主任（后来改称中国第四纪科学研究会，他是理事长），我担任秘书长，遇到重要事务，我们俩仍是在工作中相互配合，合作得也很好。

退休后，去所里的机会就少，与嘉麒见面就很难得了，不过心里总还互相惦记着。我去所里报销医药费时，常会顺便敲他在财务处旁边办公室的门，尽管因为他忙，偶尔才能见到，但简单聊几句，彼此心里都高兴。

2019年底一天突然接到郭正府的一个短信通知，为刘嘉麒院士从事地质工作六十周年的文集约稿。看到短信，坦白说颇费踌躇，对一位如此熟悉的老朋友，竟感到不知从何处下笔。

苦苦思索，突然想起当年"单打独斗"，主编刘东生先生纪念文集时，也曾有熟悉的朋友问起"写点什么？"当时就按照自己的编辑思路，回答"记述与刘东生先生交往过程中，给你留下深刻印象，能反映先生人品、学养的文字就可"（确实这一编辑思想也使刘东生先生的纪念文集摆脱了"千人一面"的状况，取得了比较好的效果）。想到此，便感觉豁然开朗，记下与嘉麒交往中一些微不足道的"小事"，权表我心。

嘉麒始终活跃在环境与文明变迁，火山与应用研究等诸多领域，着力培养后学，依旧热衷于他醉心的科普事业，并为此而奋斗不止，用他自己的话说，为科学与家庭"不敢停步"，其精神令人敬佩。

桃李不言　下自成蹊

——记刘嘉麒院士与吉林大学地球科学学院的渊源

单玄龙（吉林大学地球科学学院）

刘嘉麒院士从事地质工作六十周年之际，有一种感情总在心底荡漾，他对吉林大学地学院的支持、关爱和奉献，对年轻人的激励和帮助也历历在目，所以难以抑制内心的感受，记录一些刘院士的点点滴滴，给学院也给我鞭策。

刘嘉麒于 1960 年至 1967 年在长春地质学院地质系（现吉林大学地球科学学院）就读，1965 年毕业于地球化学专业，同年考取岩石学专业研究生，师从著名地质学家、岩石学家穆克敏教授。1999 年被聘为长春科技大学兼职教授，2010 年被聘为吉林大学双聘院士。半个多世纪以来，刘嘉麒院士始终情系学院，学有所成后，更是积极反哺母校，为学院各项事业发展做出了突出贡献。

一、艰苦求知贵坚持，成绩斐然显风采

刘嘉麒院士是在 1960 年考入地质系的，其入学后表现的坚忍不拔、勤奋好学、敢于吃苦的品质给学院留下了深刻的印象。一些同学忍受不了学校生活的艰苦而相继退学，刘院士所在的班开学两个月便走了 8 个人。正是在这样艰苦的学习环境下，刘嘉麒院士最终坚持了下来，而且学习成绩名列前茅。1965年毕业前，从全校约 1300 名毕业生中选拔学生报考研究生，最终仅录取 8 名，刘嘉麒是其中之一。研究生期间，刘嘉麒展现出了科研创新的巨大潜力，不仅完成了穆克敏教授交代的各项科研任务，更得到老师的垂青并顺利留校任教。

二、心系学院谋复兴，献计献策助发展

刘嘉麒自学院毕业后，始终心系母校发展，积极为学院发展提供思路。其不仅担任学院双聘院士，还经常回校开展学术报告，主持国际学术会议，并参与吉林大学相关研究机构的建设。仅 2012 年至今，刘嘉麒院士已先后为学院开展学术报告 4 次，亲自主持吉林大学承办的"长白山火山国际研讨会"和"第六届国际玛珥会议"，参与了"吉林大学长白山火山研究中心"的创建并亲自担任中心主任，这些工作不仅提升了学院影响力，而且推动了相关学科发展。此外，刘嘉麒院士还积极为学院的发展献言献策，坚定支持学院各项事业，为学院的复兴指明了方向。

三、立德树人担责任，桃李芬芳结硕果

刘嘉麒院士自成为我院兼职教授以来，积极主动承担教书育人的责任，坚持在学院培养研究生，开创了我院兼职教授育人工作新局面，为学院的人才培养工作做出了积极的贡献。自 2010 年以来，刘嘉麒院士先后为学院培养 9 名

刘嘉麒院士 1999 年受聘为我校兼职教授

研究生，其中，博士生 4 名，在读博士 2 名，硕士生 3 名。已毕业的研究生，既有在大学从事教书育人工作的教师，也有在地质单位从事研究工作的科研工作者，他们工作岗位略有不同，默默地为国家地质事业的发展贡献着力量。

刘嘉麒院士是学院的杰出校友，也是学院培养出的第一位中国科学院院士。尽管工作繁忙，但是他坚持通过不同方式和全院师生共谋学院改革发展，无条件支持学院的各项事业。刘嘉麒院士的这份情怀，值得我们学习，更值得我们永远铭记！

刘嘉麒院士 2016 年在长春参加学术会议

刘嘉麒院士在南开

李　田　万丽丽　刘雨霞（南开大学环境科学与工程学院）

人类的历史就是一部科学发展史，科学无时无处不在。但是科学只有被认识、被掌握才能为人们所用，并发挥其功能。科学技术一旦被广大群众所掌握、应用，就有广阔的发展空间和巨大的生命力。营造讲科学、学科学、用科学的社会环境，弘扬科学精神和文化氛围，是我们共同的责任。

——刘嘉麒

"当院士实质是延长了科研生命和时间，承担更大的社会责任，不是索取，重在奉献。每个人都珍惜这份荣誉，这份责任，这段时间。我希望自己能为祖国的发展再好好干上一些年。"刘嘉麒院士在火山地质与第四纪环境地质等方面作了大量系统性创新工作，赢得了国家的充分肯定和社会的广泛认可。近些年，他不顾年事已高，为玄武岩纤维材料的研发与产业化，躬身研究、广为奔走，有力推动了这门新兴学科的发展及玄武岩纤维材料产业化走上正轨、行稳致远。他是学术报国、科技兴国的典型模范，值得学子们永远学习和景仰。

"当我走向你的时候，我原想收获一缕春风，你却给了我整个春天。"说起刘嘉麒院士与南开的故事，不得不提的就是他的博士生导师——黄土研究之父——刘东生院士。刘东生院士籍贯天津，是我国地球环境科学研究领域的开拓者和知名专家，国家最高科学技术奖得主，在中国的古脊椎动物学、第四纪地质、环境地质和地球环境科学以及青藏高原与极地环境等科学研究领域中，特别是黄土研究方面取得了卓越的研究成果，创立了黄土学，带领中国第四纪研究和古全球变化研究领域跻身于世界领先行列。刘东生院士与南开的情结从南开中学就开始了。1937 年于南开中学毕业后，保送直升南开大学，在西南联合大学期间成为了南开大学自开办以来仅有的六个地质系毕业生之一。毕业后刘东生院士投身于地球科学研究，平息 170 多年来的黄土成因之争，建立了250 万年来最完整的陆相古气候记录。刘东生院士在研究奋斗过程中，始终将南开校训"允公允能，日新月异"铭记于心。对他而言，"允公允能"，就是如何做人，如何服务于社会，这是做人的准则；"日新月异"，则要求不断地创新，不断地进步，这是他工作的准则，更是最浓缩的南开精神。刘东生院士身上所具备的南开精神也影响了他的学生和晚辈们，培养了 4 位中国科学院院士，这其中就包括 1982 年跟随刘东生院士读博士的刘嘉麒院士。

刘东生院士十分关心南开大学的学科建设与学校的发展，曾给南开大学留言并写下两点希望，一是希望南开人发扬南开精神，二是希望南开永远为培养人才服务。出于对南开的热爱，他鼓励和支持国家杰青获得者周启星教授从中科院来南开大学工作，作为南开大学环境学科发展的引进人才。受到刘东生院士和南开精神的影响，刘嘉麒院士十分认可南开"允公允能，日新月异"的校训，刘嘉麒院士虽未执教于南开，但在刘东生院士的鼓励和推荐下，多年来始终与南开大学保持亲密合作，并在 2016 年受聘为南开大学讲座教授和双聘院士，为南开的发展贡献自己的力量。刘嘉麒院士非常关心南开大学环境科学与工程、生态学等学科的发展，献计献策，积极为师生们的成长服务。他不顾年事已高，多次到学院讲课，一讲就是 4~5 小时；还给环境科学与工程、生态学等学科发展提出宝贵意见，并鼓励和支持学院教师申报人才计划，亲自为他们修改申报材料。在孙红文教授担任环境学院院长之后，孙院长更是多次向刘嘉麒院士请教高级人才队伍对学科建设的支撑作用。刘嘉麒院士从高级人才队伍组建、学科发展方向等角度全面分析，让孙院长对人才队伍建设有了更深刻的认识，并通过人才建设提高了学科影响力，最终在学科评估中名列前茅。孙红文院长指出，刘嘉麒院士非常乐意帮助和辅导年轻人，每次请教人才项目和人才培养，都会不知疲倦地给出指导意见。

师者，传道授业解惑也。刘嘉麒院士无论工作多么繁忙，都会挤出时间参加南开大学环境科学与工程学院的博士生论文答辩。自 2016 年以来至今无一缺席。刘院士平易近人、蔼然可亲、和颜悦色、循循善诱，引导每位答辩的准博士进行更深入的思考，对每篇毕业论文都认真进行评述，既肯定论文做出的成绩和成果，也指出存在的不足和改进的方向，更为每名毕业生提出今后的科研工作建议。不仅如此，刘院士还会详细了解每位学生的工作去向和工作规划，鼓励大家要学以致用，在新的工作岗位继续努力，不辜负南开大学和党的培养，不辜负这个伟大时代，积极地做对社会、对国家有用的人。与此同时，刘院士在担任学位论文答辩委员会主席或委员的短暂时间内，为即将迈入社会、走上科研道路的南开学子补上最重要的一课：融科研、做人与报国于一体。有期望、有祝福，但更多的是教诲和指点，彰显了科研大家的家国情怀和期盼，以及"雏凤清于老凤声"的博大胸襟。在他的激励、提携和帮助下，多名南开环境专业毕业的博士都走上科研岗位，用实际行动参与创新驱动、科技强国的伟大实践，为中华民族的伟大复兴贡献着南开人的智慧和力量。

桃李不言，下自成蹊。以这句话形容刘嘉麒院士对南开人的影响，可谓恰如其分！经他教导点化的师生，不仅在学术上、工作上获益匪浅，更与其建立了深厚的情谊，进一步拓宽了刘院士与南开大学的交流渠道，为今后加深合作奠定了坚实基础。一花独放不是春，百花齐放春满园。这是刘院士对南开大学学科发展的殷切期望，也正是经过他的指点和帮助，南开大学环境科学与工程、生态学等学科和专业才得以高速发展，在国际上的知名度越来越高。

2021 年恰逢刘嘉麒院士从事地质工作六十周年，谨以此文回顾刘院士与南开大学、南开师生的点点滴滴，并感谢他为南开大学环境、生态学科发展、人才队伍建设以及学生培养等方面做出的卓越贡献！

开拓玄武岩纤维材料研究新领域

王礼胜（河北地质大学）

初见刘嘉麒院士，是个晴朗的日子，一切还要从2018年1月17日开始说起。经过前期的沟通与努力，刘嘉麒院士成为河北地质大学的特聘教授。刘院士积极引导并推动玄武岩纤维材料在中国的开发应用，是我国在该领域的领军科学家。我校宝石与材料工艺学院借此东风，也在积极推动材料学科的特色发展。

一、推动我校玄武岩纤维材料研究迈上新台阶

2018年7月2日下午，在河北地质大学珠宝中心珠宝大讲堂召开了河北地质大学玄武岩纤维材料研究启动会。校长王凤鸣，中科院院士、我校特聘教授刘嘉麒出席启动仪式，宝石与材料工艺学院院长王礼胜及学院相关骨干教师参加大会。

其间，刘嘉麒院士逐一从拟成立的研究所名称、隶属关系、人员组织、研究人员、课题分工、实验室的建立和国家项目申请等方面向与会领导详细介绍了成立河北地质大学玄武岩纤维材料研究所的实施方案及工作目标。近年来，我校在已有宝石及材料工艺学、矿物加工工程等材料类及相关专业的基础上，先后成功申报了材料科学与工程一级学科硕士授权点，增设了材料科学与工程本科专业，招聘了一批高水平博士作为学科发展的新生力量，为河北地质大学玄武岩纤维材料研究的启动打下了基础。刘嘉麒院士对于河北地质大学玄武岩纤维材料研究所取得重大成果很有信心。

二、建立院士工作站

2018年11月6日上午，河北地大宝谷孵化器有限公司院士工作站揭牌仪

式在我校珠宝产学研基地珠宝大讲堂隆重举行。刘院士、河北省科技厅人事处副处长高鹏、我校副校长南振兴出席揭牌仪式。院士工作站的揭牌，标志着河北地大宝谷孵化器有限公司的科技创新工作又上了一个新台阶。

2018 年 11 月 6 日刘嘉麒院士参加河北地质大学院士工作站揭牌仪式

刘嘉麒院士在发言中，肯定了河北地质大学在地球科学及相关领域人才培养和科学研究中所做的贡献，并指出河北地质大学拥有大批青年骨干教师，他勉励青年教师要抓住机会，努力工作，争取取得更好的成绩。刘嘉麒表示，将充分利用好该工作站这个平台，带领青年教师加快玄武岩纤维材料的创新研究工作，合力将工作站打造成"政产学研用"五位一体的科技创新平台。

三、促进国际合作

2018 年 11 月 4 日，中国驻卡塔尔使馆前大使高有祯先生、卡塔尔知名企业家 Darlwish Saleh 先生和卡塔尔国家项目公司董事长张巴金先生一行访问我校。王凤鸣校长、刘嘉麒院士与高有祯大使一行进行了务实友好的会谈。

会谈中，刘嘉麒院士重点介绍了河北地质大学在玄武岩纤维材料领域的工作积累和相关进展。高有祯大使和卡塔尔企业家 Darlwish Saleh 就玄武岩纤维材料相关的合作事宜作了阐述，表达了与我校建立全面合作的意愿。最后刘嘉麒院士结合卡塔尔当地的实际情况，就双方合作开展玄武岩纤维项目的流程、方式、发展方向和目标作了系统而详细的分析和指导。

四、带领玄武岩纤维材料研究队伍不断前进

2019 年 7 月 20 日~21 日，玄武岩纤维技术研讨会在石家庄市京州国际酒店举行。会议由中国科学院地质与地球物理研究所和河北地质大学联合举办。

刘嘉麒院士作了"玄武岩产业存在的主要问题及解决途径"的主题报告。

2019 年 7 月 20 日~21 日刘嘉麒院士参加玄武岩纤维技术研讨会

参会专家围绕玄武岩纤维产业中原料、工艺、产品三方面存在的问题展开学术研讨，会议气氛热烈，达到了预期效果。会后，刘嘉麒院士与我校玄武岩纤维材料研究所成员进行了座谈，在研究课题的各个方面给予了指导，大家受益匪浅。

为提高研究队伍的工作经验，刘嘉麒院士带队赴四川省广安市与当地嘉毅玄武岩原料科技有限公司进行技术交流，为进一步深化玄武岩纤维原料的均质化、标准化、系列化探讨了研究方向与具体解决方案。

2019 年 5 月刘嘉麒院士带队赴四川省广安市进行技术交流

在我校与刘嘉麒院士合作期间，他多次召开玄武岩所内部会议以及院士工作站工作会议，对玄武岩所的建设以及规划部署年度工作。在团队建设、人才培养、成果创新、管理规范、制度保障等多个方面提出具体工作内容。

年少报国，毅然投身地质建设；年逾耄耋，依然心系祖国科研事业。刘嘉麒院士身为老一辈科学家，不畏艰难、执着坚守的精神力量，始终感染着我们河北地质大学的每一位师生，每一位科研工作者。作为一名科研工作者，我深刻地了解，中国科技创新路上的许多成绩都是通过几代人几十年的努力才取得的，刘院士的精神让我们科研人员受益匪浅，更加坚定了为中国科技发展奋斗终生的理想信念。

玄武岩新材料产业的积极推动者

邱迎东（江苏天龙玄武岩纤维股份有限公司）

欣逢刘嘉麒院士从事地质工作六十周年，我谨代表江苏天龙玄武岩纤维股份有限公司、江苏省玄武岩纤维复合建筑材料工程研究中心、北京中地交科新材料技术研究有限公司、广州单元分子技术有限公司、扬州市中地新材料技术研究中心全体员工记录下我们所经历和知道的刘院士与玄武岩纤维产业的二三事。

2008年3月，在刘嘉麒院士的牵头下，中国科学院地质与地球物理研究所、乌克兰科学院联合在北京、基辅分别成立中乌玄武岩连续纤维复合材料实验室。与此同时，江苏天龙公司成为国内第一家引进乌克兰玄武岩纤维生产小型池窑设备的企业。

2010年4月，在刘嘉麒院士与多位专家筹划下，由中国科学院地质与地球物理研究所、仪征市人民政府主办、天龙公司承办，圆满举办了全国首届玄武岩纤维材料产、学、研国际论坛，为进一步推广玄武岩纤维在全国研究起到引领示范作用。

2011年4月江苏天龙公司设立了刘嘉麒院士工作站，同时，为推动玄武岩纤维在中国的研究与应用，刘嘉麒院士起草了《关于将玄武岩纤维材料纳入十三五规划的建议》，并于2015年6月27日召开相关会议，会上出席会议的专家学者对刘嘉麒院士起草的规划建议进行了研究讨论，最终玄武岩纤维材料被纳入了十三五规划，这对推动玄武岩纤维发展具有里程碑意义。

2015年8月在加拿大驻中国大使馆商务参赞Yijun Song的推动下，刘嘉麒院士率团队前往加拿大交流访问，参访期间与加拿大政府科技、交通、矿业、高校等部门进行玄武岩纤维应用研讨会，作为玄武岩专业在国外交流和访问尚属首次。

2016 年 4 月 23 日由北京中地创新玄武岩复合材料研究中心与江苏天龙公司联合承办，中国科学院地质与地球物理研究所等联合主办的"玄武岩纤维之路——玄武岩纤维在交通工程中应用"的学术交流会，刘嘉麒院士与多位专家、学者共同探讨玄武岩纤维在交通工程中的应用和发展。

2018 年在中国科协号召和倡导下，由中国公路学会推动，联合十余家玄武岩纤维制造企业、国家级工程中心和科研院所成立了中国玄武岩纤维公路产业协同创新共同体，刘嘉麒院士担任共同体的顾问委员，江苏天龙公司当选为共同体首届理事长单位，进一步推动了玄武岩纤维在交通工程领域的应用，对玄武岩纤维产业的成长与发展做出了贡献。

近些年来，在刘嘉麒院士的指导建议下，天龙公司对生产装备的钻研、提升、转化对于玄武岩连续纤维的生产有了一套完备而成熟的装备及生产技术和工艺。公司开发了系列产品，也是首家将玄武岩纤维应用于抗剪切手套、高端防护等领域的公司，在高性能超细玄武岩纤维应用这一方面迈出首步。同时，在刘嘉麒院士的殷殷带动下，玄武岩纤维在国内的应用领域日渐拓展，玄武岩纤维生产企业从最初几家已持续增长为目前的四十余家，初步形成玄武岩纤维生产群体。

刘嘉麒院士以自己的渊博知识、认真细致、科学严谨，为中国的玄武岩纤维产业化的开启与推动做出重要贡献。我们在刘院士身上要学习的东西很多很多，他为人谦虚包容，实事求是的严谨科学精神，在推动玄武岩纤维产业化所表达的老一辈科学者爱国情怀的风范，在对外交流上不卑不亢所彰显出中国科学家的形象。我也曾看到刘院士对年轻的学者传帮教的那种细微严谨的学风。刘院士及诸多中国的老一代科学者是我们学习的榜样。我相信，刘院士将永远耕耘在中国玄武岩纤维发展的路上，玄武岩纤维产业必将铭记刘院士的耕耘和付出。

时值刘院士从事地质事业六十周年，谨以此文祝愿刘院士为我国的地质和玄武岩纤维事业做出更多更大的贡献！

新生代火山研究的领路人

许文良（吉林大学地球科学学院）

2021 年是刘嘉麒院士从事地质工作六十周年。作为他的学弟，回想起与学长相识、相知的二十多年历程，感慨万千，感谢学长在我科学研究道路上的指导与帮助，尤其是将我领入了新生代火山研究之路。

一、1999 年：与学长的相识和相认

1999 年 7 月，全国火山岩会议在长春召开，这是我博生研究生毕业后第一次参加全国性火山岩学术研讨会。虽然，之前拜读过刘嘉麒研究员的文章，但一直未见其人。这次全国性火山岩学术讨论会聚集了国内火山学研究的多名专家与学者，包括刘若新老师、路风香老师、鄂莫岚老师、李兆鼐老师和汪碧香老师等。会议期间，我拜访了刘若新老师、路风香老师和鄂莫岚老师。在我去拜见鄂莫岚老师时，恰好刘嘉麒研究员也在那，经鄂老师介绍，我才认识刘嘉麒研究员，这也是我第一次见到他。在相互介绍过程中，我才知道刘嘉麒在长春地质学院读研究生时的导师也是穆克敏教授，而我的博士研究生导师是穆克敏教授，原来我们是师兄弟，从此开启了我和学长之间的相识、相认、相知的过程。

这次全国火山岩会议还安排了会后野外考察——长白山火山野外考察。我有幸也参加了这次野外考察，加深了与他的认识和认知。野外考察过程中，我了解了新生代火山作用过程，尤其是野外第一次认识了不同火山喷发作用形成的火山堆积物，同时也了解了火山作用的环境效应与灾害。这是我第一次对新生代火山作用的全面认知过程。

二、2012 年：吉林大学长白山火山研究中心成立

火山灾害是当代世界主要自然灾害之一，如何减少由火山活动所带来的自然灾害已经成为人类所面临的最主要问题之一。长白山火山是我国东部一座著名的休眠火山，其能否喷发或何时喷发？这一直是国内外地学领域专家与学者关注的重要科学问题之一。长白山火山活动的过去、现在与未来已经成为地学领域必须要回答的问题。吉林大学长白山火山研究中心就是基于这一现状于2012 年 6 月 16 日在长春成立的。

作为我校的杰出校友，刘嘉麒研究员于1999 年 4 月被长春科技大学聘为兼职教授、2010 年被吉林大学聘为双聘院士，作为我国火山学研究的领路人，他同时被聘为吉林大学长白山火山研究中心主任，我作为吉林大学长白山火山研究中心常务副主任配合学长工作。在他的领导下，我们组建了以火山地质研究室、火山活动深部过程研究室和火山灾害评价与环境研究室为主的中心架构，并成立了以莫宣学院士为主任、林学钰院士和刘嘉麒院士为副主任的学术委员会，同时制定了吉林大学长白山火山研究中心工作思路——即以现代地球科学理论为指导，将地质学、地球化学、地球物理学与火山学研究相结合，采用多学科交叉和现代分析与监测技术，研究新生代以来火山活动的规律；火山活动的地质与地球化学过程；火山活动的深部地球动力学过程；火山喷发的物理过程及其环境效应；火山灾害评估与预测；最终对火山活动的潜在危险性给予评价。

在吉林大学长白山火山研究中心成立挂牌的同时，还召开了"长白山火山活动：过去与未来"学术研讨会，参加本次学术会议的有李廷栋院士、林学钰院士、滕吉文院士、莫宣学院士和刘嘉麒院士、国家自然科学基金委地学部于晟处长以及全国火山学会负责人樊祺诚研究员和郭正府研究员等。与会代表就成立长白山火山研究中心的必要性给予了肯定，对火山学未来研究的关键科学问题进行了研讨。通过这次会议和会议之前有关问题的讨论，使我对他有了更深层次的了解，尤其是学到了未来火山学应该研究的内容和所要解决的科学问题。

2012 年 6 月 16 日长白山火山研究中心挂牌

前排自左至右：于晟处长（国家自然科学基金委地学部）、林学钰院士、李廷栋院士、莫宣学院士、刘嘉麒院士、樊祺诚研究员、郭正府研究员

三、2013 年：组织长白山火山国际学术研讨会

进入 21 世纪以来，尤其是 2011 年日本大地震（2011 年 3 月 11 日在日本东北部外海发生 9.0 级特大地震）发生之后，长白山火山的安全性得到了国内外火山学研究者的关注。洋 – 陆俯冲过程中发生的特大地震能否引起长白山火山的喷发？这事关我国东北乃至整个东北亚人类生存环境和生命的安全。在这一背景下，国内为探讨长白山火山现状，促进国际火山研究成果的交流，加强国际合作，中国科学院地质与地球物理研究所和吉林大学长白山火山研究中心在长春市共同举办了"长白山火山国际研讨会"。会期是 2013 年 8 月 10 日 ~ 17 日，其中 8 月 11~12 日进行了两天室内研讨，会后组织了龙岗火山区—长白山的野外考察。来自韩国、日本和俄罗斯与中国的学者共计 100 余人参加了室内研讨和野外考察，就长白山火山的研究现状与进展、东北亚及全球火山活动

的态势及潜在危险、火山地质与环境、玛珥湖与古气候四个主题进行了研讨。通过这次国际学术会议，使我开拓了火山岩研究的国际视野，并通过他的介绍，认识了国外火山学研究同行，更为重要的是通过这次国际学术会议，使我认识到新生代火山研究的重要性不仅在于它的理论意义——如揭示地幔的深部作用过程，而且它关系到人类的生命以及人类生存环境，这是现代火山学研究应当肩负起的使命。

2013 年 8 月 11 日长白山火山国际研讨会
许文良主持会议；刘嘉麒院士做主题报告后与俄罗斯学者 Sergei V. Rasskazov 教授讨论

四、2016 年：第六届国际玛珥会议

国际玛珥会议（International Maar Conference）是国际上从事玛珥研究的最重要会议，虽然规模不大（每届不超过 100 人），但专业性非常强、参会人员层次较高。自 2000 年 8 月在德国 Eifel 地区（世界上最著名的玛珥火山与玛珥湖分布区）举办首届国际玛珥会议以来，先后在匈牙利（2004 年 9 月，第二届）、阿根廷（2009 年 4 月，第三届）、新西兰（2012 年 2 月，第四届）和墨西哥（2014

年 11 月，第五届）举办了五届国际会议。

以中国科学院地质与地球物理研究所刘嘉麒院士为首的研究团队从 20 世纪 90 年代末期开始与德国地球科学研究中心（GFZ-Potsdam）的科学家合作，在中国开始了玛珥湖古气候记录研究，尤其是进入 21 世纪以来，国内研究团队在射气岩浆喷发、玛珥湖沉积物古气候记录研究方面取得的创新性成果得到了国际同行的关注和认可。为此，以刘嘉麒院士为首的中国玛珥湖研究团队争取到了第六届国际玛珥会议在中国的举办权，并于 2016 年 7 月 30 日 ~8 月 3 日（此外还有会前野外考察、会间野外考察和会后野外考察）在长春举办了第六届国际玛珥会议。

2016 年 8 月 1 日作者（右）和刘嘉麒院士（左）在长春参加第六届国际玛珥会议

本届会议有来自美国、德国、法国、英国、西班牙、意大利、罗马尼亚、俄罗斯、新西兰、澳大利亚、墨西哥、哥斯达黎加、以色列、日本、韩国等 15 个国家的 30 多位外宾参加。第六届国际玛珥会议的主题是"玛珥与环境变化"（Maar and Environment Change），研讨主题包括单成因火山（monogenetic volcanoes）的特征、形成机制及后期改造，玛珥湖沉积序列及古气候记录研究，火山喷发的物理、化学现象的实验、模拟，火山灾害的监测与保护，火山资源，玛珥火山地质公园的科学与旅游价值。

在这次会议上，我作为主办单位（中国科学院地质与地球物理研究所和吉林大学）人员之一参与了整个会议的筹备与组织工作，通过这次会议我了解了以刘嘉麒院士为首的研究团队有关玛珥湖古气候环境研究在国际上的地位和影响。在学长的引导与介绍下，使我认识了更多的国际同行，同时也更加丰富了我对新生代火山作用有关环境研究的认识，进一步拓宽了我的国际视野。

五、2016 年：全国第八次火山学术研讨会

2016 年 8 月全国第八次火山学术研讨会在柴河召开
与刘嘉麒院士（左 3）、金振民院士（右 3）、樊祺诚研究员（左 1）等一起进行野外地质考察（月亮天池）

全国第八次火山学术研讨会于 2016 年 8 月 28~31 日在内蒙古扎兰屯市月亮小镇举行。本次会议由中国矿物岩石地球化学学会火山与地球内部化学专业委员会、中国灾害防御协会火山专业委员会和 IAVCEI 中国委员会发起，由中

国科学院广州地球化学研究所同位素地球化学国家重点实验室承办，会议主题为火山作用与资源、环境响应。有幸与学长一起全程参加了本次会议的室内研讨交流和野外地质考察。

在野外考察过程中，学长给我详细介绍了各种类型的火山地貌、不同喷发物理过程形成的火山堆积物，更为重要的是与我讨论了东北亚新生代火山岩未来研究的问题。他提出了进行东北亚大地学断面研究项目的建议，拟通过火山地质学、地球物理学、火山岩地球化学与环境科学的综合研究，揭示东北亚新生代火山活动的时空变异及其深部动力学背景、探明长白山火山深部岩浆房的三维结构、查明长白山火山深部热结构及其对火山活动的制约、揭示东北亚新生代火山活动的灾害与环境效应等。通过这次野外地质考察，学长给我指明了未来新生代火山岩研究的方向。

六、开启东北亚新生代火山岩研究之路

近年来，在与学长的接触中，我知道他一直在规划未来东北亚新生代火山岩的研究课题，如何把火山地质、地球物理、地球化学、灾害与环境研究相结合来揭示东北亚新生代火山作用的深部过程，并对因火山作用产生的灾害与环境问题给出定型的评估与预测。为了实现他的愿望，我想从自己特长的角度做些事情。

首先，要想了解自海沟至陆内新生代火山作用时空格架，必须了解日本和俄罗斯远东地区新生代火山作用的时空格架。为此，与俄罗斯科学院远东分院和日本合作研究是必经之路。在国家自然科学基金项目的支持下，我们首先开展了与俄罗斯科学院远东分院地质与自然管理研究所 Andrey A. Sorokin 研究员的合作，并于 2017 年对俄罗斯远东阿穆尔州地区的新生代火山岩进行了野外地质考察和样品采集。其次，我们开展了与俄罗斯科学院远东分院远东地质研究所 Andrei A. Vladimirovich 和 Igor A. Aleksandrov 研究员的合作研究工作，于 2019 年 5 月对东锡霍特阿林地区新生代火山岩进行了野外地质调查与样品采集。最后，我们与日本横滨国立大学 Shinji Yamamoto 博士合作，于 2019 年 9

月对日本北海道进行了新生代火山岩野外地质考察与样品采集。于2019年末，我们完成了自日本北海道—俄罗斯远东—中国东北新生代火山岩的野外考察与样品采集工作。目前深入的研究工作正在进行中。

另外，为了揭示东北亚新生代火山作用的深部过程，地质、地球化学与地球物理研究成果的结合是必经之路。为此，在吉林大学内部开展了东北亚地质与地球物理研究的结合，尤其是利用大地电磁测深资料和已有的地震层析成像结果来揭示东北亚地幔过渡带以上水化地幔或含水熔体的空间分布及其与新生代板内火山作用的成因联系。目前这方面的工作仍在进行中。

上述研究主要是始于2017年以来的研究工作，目前在东北亚新生代火山岩研究工作中已经取得了初步成果，主要发表在JGR-Solid Earth（2020）、Lithos（2017）、Geological Journal（2018）等国际地学期刊上。深入的研究工作仍在进行中，期待着更多、更好成果的发表，来实现或部分实现学长的东北亚火山岩研究之夙愿。

七、结语

从与学长相识、相认到现在的20多年时间里，他的言传身教一直深深地影响着自己。在他身上，我不仅看到了尊重师长、平易近人、乐于助人的高尚人格，而且看到了他对事业的追求、对年轻人的指导与帮助。正是在他的指导下，我才了解了东北新生代火山岩、认识了新生代火山岩研究的重要意义，也正是在他的指导下，我开启了东北亚新生代火山作用研究之路。

从现代火山到古火山

——记刘嘉麒院士策划引领国家 973 项目的故事

王璞珺（吉林大学地球科学学院）

大家都十分熟悉了解刘嘉麒院士在我国第四纪现代火山研究领域的作用和学术贡献。在这里我想讲一下大家也许不十分了解的有关刘院士研究恐龙时代的埋藏古火山并在那里寻找油气的故事。众所周知，石油、天然气和煤这些化石能源是产生在沉积岩之中的。但在我国由于陆相断陷盆地发育，因此情况略有特殊，20 世纪 50 年代到 90 年代，在我国准噶、渤海湾、二连、苏北和江汉等油气盆地中陆续发现火山岩油气藏。20 世纪 90 年代末期至 2002 年松辽盆地火山岩油气的发现成为我国油气勘探领域重大进展的里程碑。这也为"大庆下面找大庆"指明了主攻方向。然而，持续稳定的火山岩油气发现，无疑需要相关的理论指导和技术支撑，但当时的实际情况是有关沉积岩油气勘探的理论经过两百多年的丰富和发展已经日臻完善，而有关火山岩油气勘探的相关理论尚属起步阶段。火山岩油气藏可以比作恐龙时代的长白山现在埋藏在地下 3000 多米深的松辽盆地内部，有机质裂解生成的石油和天然气充注到埋藏火山岩的孔隙和裂缝中形成了富含石油和天然气的油气藏。可想而知，既然是埋藏火山里储存油气，那么有关火山岩油气藏的地质理论就一定与现代火山学密切相关。刘嘉麒院士是这方面的专家。事实上，大庆油田和国内相关院所的领导专家学者此时几乎不约而同地将期待的目光投向了刘嘉麒院士。路漫漫其修远兮，吾将上下而求索！刘嘉麒院士不负众望，积极投身和共同组织我国"火山岩油气藏的形成机制与分布规律"专项研究的"国家队"。这是一个由来自大庆油田、辽河油田、吉林油田以及新疆油田等国内有火山岩油气发现的主要油田，和中科院地质与地球物理研究所、吉林大学、北京大学、中石油勘探开发研究院、东北石油大学和中国石油大学等在火山岩油气及相关领域有较好研究基础的高校和科研院所的百余位专家共同组成的研究队伍。实践证明这支队伍在我国的火山岩油气勘探和研究中起到了积极的推动和引领作用，为近年来国内火山岩油气勘探领域的持续突破，以及在国际火山岩储层和油气藏研究中处于引领地位，做出了重要的贡献，促使火山岩由传统油气地质理论中的勘探禁区已逐渐转变为盆地深层油气勘探积极寻找的新的储量增长点。与此同时，刘院士不忘初心，始终关注长白山火山学研究，关切母校地学人才培养，不断推进长白山火山灾害预测和资源利用等方面的学术研究与国际合作。

一、筹划和推动火山岩油气藏研究论证与立项

传统油气地质理论中，油气生成和富集的载体均与水体环境紧密相关，岩浆活动被认为是破坏油气藏的主要不利因素之一，火山岩则一度被认为是油气勘探的禁区。尽管自 1907 年在火山岩中首次获得油气显示以来，全球范围内在火山岩中不断有油气发现的报道，但一直以来均未形成系统的理论认识和得到足够的重视。直到 2000 年前后，松辽盆地深层白垩系营城组火山岩气藏获得重大发现，才逐渐成为盆地深层油气勘探和研究的重要新领域。刘嘉麒院士在长期致力于我国火山学和第四纪地质研究的同时，敏锐地关注到火山岩油气藏勘探和研究动态，与相关人员一起及时指出开展专项系统研究的必要性，并查阅大量国内外文献资料，系统论证了火山岩在油气成烃、成藏中的重要意义。与此同时，刘院士与大庆油田和国内相关科研院所专家学者共同组织中科院地质与地球物理研究所、吉林大学和中国石油大庆油田有限责任公司等单位长期从事火山岩储层研究和油气藏勘探的专家，及时进行火山岩油气藏系统研究的立项论证，并于 2007 年 9~10 月联合中国石油大庆油田有限责任公司，先后向科技部提交了开展"与火山岩有关的油气藏和油气资源研究"立项的申报指南和项目建议书，指出针对火山岩油气藏设立国家重点基础研究发展计划项目的必要性和可行性。倡导"组成一支国家队，站在国家层面提出国际前沿科学问题，

拿出国际一流研究和勘探成果，把中国火山岩油气藏研究推向国际"。

2008 年初，刘院士会同冯志强等专家学者再次召集国内从事火山岩储层和油气藏研究领域的专家，联合中科院、中石油、吉林大学、北京大学等多家单

刘嘉麒院士参与指导设计的国家"973"项目"火山岩油气藏的形成机制与分布规律"立项建议书封面

2009 年 2 月 13 日国家 973 项目"火山岩油气藏的形成机制与分布规律"实施启动会

位共同组织参与项目申请，筹划编写立项申请书。2008年8月通过最终评审并获批立项，项目运行时间为2009年1月至2013年10月。

2010年2月2日，国家973项目"火山岩油气藏的形成机制与分布规律" 2009年度评估及学术会议
（上侧照片前排自左向右：肖序常院士、李廷栋院士、刘嘉麒院士、陈树民首席、沙金庚教授）

二、引领国家火山岩 973 项目研究的实施与进展

国家重点基础研究发展计划项目"火山岩油气藏的形成机制与分布规律"（以下简称火山岩 973 项目）获批立项之后，刘院士承担起第一课题"中国东部太平洋构造域火山岩油气藏形成的地质背景"的专项研究工作任务，并在 2009 年 2 月项目启动会宣讲"火山作用与油气藏的关系"大会报告，自火山、火山岩、火山（岩）相、火山作用至火山岩油气藏，系统论述了火山作用在油气成藏的各个方面的重要意义，开拓了大家的研究思路，并树立了实施研究工作的标杆。刘院士同时也是项目的专家顾问，在项目运行过程中，多次组织项目内部学术研讨会议，并筹划和组织于《岩石学报》、《地球物理学报》和《石油勘探与开发》等多个刊物撰写和发表论文专辑，督促和推动项目尽快产出成果和提升影响力，及时抢占国际火山岩油气藏研究的领先地位。

2011 年 10 月 27 日国家火山岩 973 项目学术交流会议

2012 年 4 月 15 日国家火山岩 973 项目学术交流会议间隙与刘财（左）、王璞珺（右）商讨事宜

2012 年 4 月 15 日刘嘉麒院士在召开国家火山岩 973 项目学术交流会议期间与项目首席科学家冯志强和
陈树民及项目组骨干成员一起讨论如何做好项目中后期研究和总结提升以及相关结题工作

2013 年 10 月 10 日国家火山岩 973 项目成果验收

2013 年 10 月 10 日国家火山岩 973 项目成果结题验收

三、推动长白山火山地质、灾害预测与资源利用相关研究

刘嘉麒院士始终心系母校地学发展，在刘院士的关切下，吉林大学长白山火山地质研究中心于 2012 年揭牌成立。与此同时，我们团队多年来一直坚持以"火山地质与灾害"研究为特色，在持续开展火山岩储层地质理论深化研究与推广应用的同时，进一步加强了长白山火山研究。刘嘉麒院士作为吉林大学地球科学学院双聘院士，对我们团队在长白山火山研究方面给予了大力的支持和帮助。

2015 年 3 月，与刘院士共同赴韩国济州岛参加中韩合作长白山国际火山研讨会。研讨会上，刘院士做了"东北亚地球动力学断面研究：目标与任务"的主题报告。该主题报告详细阐述了长白山地区乃至东北亚火山和构造未来的研究目标、方向与任务。当时，项目组刚刚介入长白山火山研究不久，尚处于熟悉和积累长白山火山地质资料阶段，对长白山火山研究现状、存在问题和发展方向的把握还不是很准确。该主题报告为项目组日后在长白山火山方面开展科学研究指明了方向。会后，刘嘉麒院士与参会专家共同进行了为期 3 天的济州岛野外火山地质考察。考察过程中，刘院士同与会的中、日、韩火山学专家共同就韩国济州岛火山地质相关问题进行了实地研讨。

2015 年 3 月 26 日，考察韩国济州岛火山地质（从左到右：Y. K. Sohn、刘嘉麒院士、王璞珺）

　　2015 年 6 月，根据中韩合作长白山国际火山研讨会达成的协议，中韩双方共同开展了长白山联合火山地质考察。中方由刘嘉麒院士带队。刘嘉麒院士虽年逾七旬，但在其开展科研工作 30 余年的长白山地区，仍像青年人一样充满活力和热情，为参加考察的中、韩科学家和学生讲解长白山火山来源、演化阶段、火山地层等方面的研究历程和最新研究成果，并对不同剖面的火山地质现象进行了讲解和讨论。这次刘嘉麒院士带队的长白山野外地质考察，也是项目组长白山野外地质研究的开端。

　　2018 年 6 月，长白山火山吉林省院士工作站在吉林省长白山天池火山监测站正式挂牌成立。刘嘉麒院士作为入站院士和首席科学家，出席了揭牌仪式。吉林大学单玄龙教授、衣健博士参加了该揭牌仪式。揭牌仪式上，刘院士发表了主题讲话，指出该院士工作站为长白山火山日后的研究工作开展创造了更加良好和有利的条件，同时也对长白山未来火山学的研究方向提出了自己的意见和建议，并鼓励年轻人在长白山地区开展扎扎实实的火山地质研究工作，将长白山的火山研究水平推向国际前沿。

2018 年 6 月 14 日，与长白山天池火山监测站的同行商讨合作研究事宜

2018 年 6 月 14 日，长白山火山吉林省院士工作站揭牌仪式
（从左到右：尹涛、郭正府、Vincenzo Sepe、王建荣、刘嘉麒、王库、Guido Ventura、单玄龙、孔庆军）

四、成果与展望

国家火山岩 973 项目于 2013 年通过结题验收，进一步巩固和提升了我国火山岩储层研究和油气藏勘探的国际先进水平。吉林大学火山岩储层及其油气藏研究创新团队研究成果在渤海湾盆地辽河拗陷、松辽盆地南部、准噶尔盆地等油气勘探中得到了验证和应用，促进了这些地区深层火山岩油气藏的持续发现和突破。与此同时，在刘院士的引领之下，吉林大学团队在长白山火山地质、灾害预测与资源利用等方面研究不断深入，逐步形成了"火山与资源"相结合的研究特色与发展方向。

六十年老同学

李纯杰（中国地质科学院矿产资源研究所）

岁月流逝，往事已渐模糊，而同学的情谊，却是深深地留在记忆中。

1960年8月我到长春地质学院上学，与刘嘉麒同在一个班。响应"练就铁脚板，为祖国地质事业做贡献"的号召，同学们早上起床都要出去晨练，我与嘉麒是早晨一起跑步时，初次有了交往。当时我们刚19岁，都是怀着"求学白山下，足迹遍天涯"美好理想的后生。

我是印尼归侨学生，语文底子薄，听课跟不上。是嘉麒经常借我课堂笔记让我抄录。他的笔记字迹工整，段落清晰，令我羡慕不已。当时嘉麒课余是学院"大学生板报"的编辑，很忙，却经常帮我学习。有时，因帮我学习占用了时间，晚上宿舍熄灯后，他还要找地方加班赶写板报稿，几十年了，我始终难以忘怀。

1965年我们大学毕业，各奔东西。

20世纪70年代末，嘉麒读研来到北京，缘分让我们又聚在一起，却因工作忙，不能经常相见，只逢年过节，或者有外地同学来京，同班三位在京的同学，才有机会携家聚聚。这时，我们又回到了青春年代，兴奋不已，放开嗓门畅谈，什么宇宙、星球、火山、环境、资源等等，海阔天空，话题无尽。有时我们也会抬杠争吵，譬如，当代火山排出的与人类排放的二氧化碳，哪个对地球气候影响大？

60年了，嘉麒以天地为己任，勇攀高峰，取得了丰硕成果，是近代火山和古气候研究领域的主要学术带头人，2003年遴选为中国科学院院士。他没有辜负大学时期立志献身地质工作的豪迈心愿。

如今，我们已是鬓如白雪，迈进古稀之年。让我高兴的是，看见嘉麒还是那么健康，行动还是那么敏捷。老骥伏枥，不懈努力，还在继续为国为民做事情。

嘉麒，我最大愿望，就是您再创佳绩，我们每年都能快乐相聚！

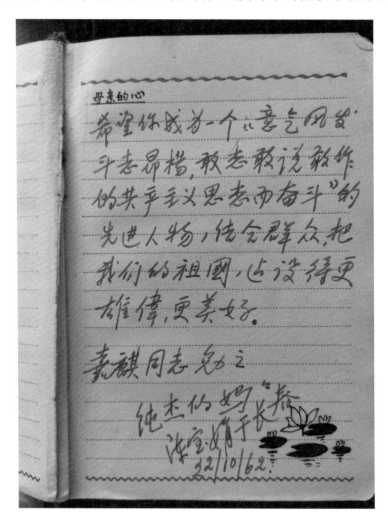

从学生到院士

林秋雁　张　健（中国科学院大学地球与行星科学学院）

一、学生

我（笔者之一林秋雁）于 1978 年 2 月从北京大学地质地理系地貌与第四纪地质专业本科毕业分配到中国科学院研究生院工作。1978 年 3 月中国开始招收研究生。我和 10 多位同志在三里河中科院教育局招生办开始工作，招收第一届研究生。1978 级地质所研究生刘嘉麒就是其中之一。但真正认识和了解他是半年多后了。1978 年 10 月 9 日研究生院开学，学生报到注册是在海淀区肖庄林学院，是研究生院的第一处校址。9 日上午我们许多老师在教学楼的前厅接待研究生。至今 40 多年过去了，我仍记得当年和几个研究生的聊天。如地理所的刘燕华，知他是首都师范大学的本科毕业，后工作考上研究生。高能所的王平，知他是天津人等。至今和他们相聚在一起时仍会提起当年的情景。那时我才 20 多岁，而他们这些研究生都大学毕业后工作十多年了（报考研究生条件之一：40 岁以内），刘嘉麒和许荣华总是称我小林老师，刘嘉麒在多种场合还一再强调，尽管林老师年龄比我们小很多，但是我当学生时，人家是老师，充满敬意之情。每天下午课余时间 4：30 以后，我们二十几个新来的年轻教师和 1978 级的研究生常常在校园里一块儿打排球。因此和他们都很熟。入学后在林学院注册的 883 名学生开始了研究生二段式学习：一年半在研究生院学习，之后回所作论文一年半。

在研究生院学习的这一年半，是他在学校读书最艰苦的 3 个学期。刘嘉麒常说，他这辈子在校读书 27.5 年。一般人从小学到博士毕业 22 年（小学 6 年、中学 6 年、大学 4 年、硕士研究生 3 年、博士研究生 3 年，合计共 22 年），而他硕士念了 2 遍， 1965 年考取最后一届研究生，随后招生停止。1978 年招收第一届研究生，他被录取为首届研究生。1981 年他以优秀成绩通过学位论文答辩，获得硕士学位。论文的题目是《长白山地区新生代火山活动的研究》。之后他考取刘东生院士的博士生。白天他在工作，夜晚在写论文。直到 1986 年，他以论文《中国东北地区新生代火山岩年代学研究》参加答辩后，获得博士学位。同年由于他的博士论文和其他工作的卓越贡献，获得中国矿物岩石地球化学学会首届"侯德封地球化学奖"。1990 年，他又被国家教委和国务院学位委员会授予"做出突出贡献的中国博士学位获得者"。

这些成绩告诉我们 27.5 年的读书不易。而最难的是 1978 年 10 月 ~1980 年 1 月在研究生院的读书学习。为什么是他学习最困苦的时候呢？请听我们细说原由。

地学 1978 级许多研究生是考俄语考上的，但是入学后，要求必须通过英语学位课。所以他从 ABC 26 个字母开始学起，和那些考英语入学的研究生要求一样。可想而知，那是多难的学习。刘嘉麒说，我要把 37 岁当 27 岁过，要有毅力，刻苦努力，终于按期通过了英语学位课。

在研究生院英语课的学习，使他如虎添翼，学识和能力大大提高了。他野外考察和出访国外近 50 个国家，用英语口语很熟练，听说读写没问题。

二、野外

地质学是个实证科学，需要大量的野外工作。尽管现代科学技术有很大的发展，但仍不能完全替代野外工作。刘嘉麒在他 60 年的科研工作中，始终伴随着出野外考察。

他曾十余次登上长白山、六次闯进大、小兴安岭、七上青藏高原、四下三江（金沙江、澜沧江、怒江）、跑遍了天山南北、踏遍了黄土高原、跨越了台湾海峡和琼州海峡。中国 34 个省、自治区、直辖市和香港、澳门他都考察过、踏勘过。他还多次赴南极、北极工作，访问、考察过 48 个国家，全球七大洲、四大洋都留有他的身影。虽然年龄近 80 岁，仍然不畏艰险，坚持实践第一，探索着未知的实证科学。

我们这些中青年教师和刘老师相比很惭愧。2000 年 8 月我（林秋雁）去过一次长白山天池，那时的爬山是真正的爬山（双手双脚落地），以后再也不敢去了。而刘老师十余次登上长白山天池和位于北坡的海拔 2670 米的天文峰处的气象站。长白山天池气象站气候恶劣，年平均气温零下 7.3 摄氏度，极端最低零下 44 摄氏度。积雪长达 258 天，年均大风（大于 8 级）269 天。长白山天池是一座"休眠火山"，火山口积水成湖，是中国最大的火山湖。我们都知道，海拔每上升 100 米，气温下降 0.6 摄氏度，因此 8 月山下 20 多度而山顶 2000 多米高处只有几度。我记得当时又冷又害怕，因为湖面浓雾笼罩，云雾飘逸，细雨蒙蒙。湖的四周寸草不生，只见火山喷出的岩石。俨然没有生命迹象。身处这样的环境中，不由得让人心生恐惧。之后也没敢再去气象站（和天池地质条件一样）。刘老师办公室墙上挂着一张他拍摄的长白山天池，像画一样：轮廓明朗，湖水碧绿、清澈、寂静，让人望而心生留恋，美不胜收。

1998 年中央电视台科教频道请刘老师录制一期"百家讲坛——火山"。他图文并茂地列举了几十处国内和国外野外考察的火山实地照片。他不仅理论上研究火山，更重要的是他还研究火山资源的保护开发和火山灾害的预防。2020 年 3 月 17 日中央电视台《世界地理》频道播放了"地心烈焰"百年地理大发现(7)。记述了刘嘉麒院士考察东非大裂谷，他对大裂谷分裂为新大陆和新大洋的观点提出疑义。他还考察了尔塔阿雷火山，等等。该纪实节目还播放了 2006 年他已 65 岁，背着硕大的双肩包，在非洲大陆涌动着岩浆的火山口观测的画面，令人敬佩。

三、院士

2003 年刘嘉麒当选为中国科学院院士。他大力提倡科学精神，积极参加各种活动，做好科学普及工作。他除了在学校讲授 3 门研究生课程，还给本科生、研究生开展讲座数十次。每年国际地球日，我们组织一周的学术活动。刘院士多次参与，讲授了中国西部大开发、火山作用产生的资源与灾害、极地的探索、气候环境与人类生存、水资源与水科学等 10 多个专业方向和有关科普报告。作为学校校友会和地学院校友会的荣誉理事，刘院士积极参加校友学术活动。

不仅如此，刘院士还多次参加全校举办的大会。1998 年学校 20 周年校庆，在玉泉路大礼堂，他应邀代表毕业的 1.4 万名研究生在大会发言。他提到，研究生院建设初期条件简陋，但这里的学习气氛犹如当年抗战时的西南联大，催人奋进。2018 年 10 月 14 日在怀柔雁栖湖校区国科大举办 40 年校庆庆典，刘院士在出差前挤出时间参会。我（张健）作为理事长代表地学校友理事会发出 40 年校庆和地学院院庆征文，刘院士第一位发来征文"中国教育史上值得浓墨重彩的一笔——纪念中国科学院大学建校 40 周年"。他作为 1978 级首届研究生，是这 40 年建校历程的经历者和见证者。征文文章中，他写了 4 个方面：中国诞生了第一所研究生院；新时代的"西南联大"；新型高等学校的典范；让人们憧憬国科大。征文最后结束语，他对国科大无限深情地期望，"让中国人和外国人，能像憧憬北大、清华、哈佛、剑桥那样憧憬国科大！"该文发表于中科院《学部通讯》和国科大网站"40 周年校庆专栏"。

刘院士对培养和提携青年科技人才很重视，努力为青年人成长创造好的环境。他担任所长期间，特别重视硕士、博士、博士后的培养和教育，从招生开始就严格把关。同时在培养过程中，重视理论和实践的结合，加强野外考察。同时要求青年人不仅做好学问，还要有高尚的品德，敬业爱岗，奉献祖国。

刘嘉麒院士在求学阶段、科学研究、野外工作等方面，都起到了典范作用。我们常说，刘院士是我们国家从事地球科学研究工作的劳动模范。他的科研工作获得过多项国家奖励。他对国科大和地学院的贡献，在石耀霖院士、地学院副院长孙文科教授和林秋雁副教授写的文章"刘嘉麒院士与研究生教育"中已有详细阐述，有兴趣的同志可以参阅。

60 年是一个甲子，刘嘉麒院士已经走过。如今他继续在地球科学广阔的领域中驰骋。

与嘉麒一起搞科普

潘云唐（中国科学院大学）

2021年适逢中国科学院院士刘嘉麒从事地质工作六十周年。他在地质科学工作和科普事业等领域做出的贡献和不屈不挠的奋斗精神，为我们树立了榜样，值得大家学习和效法。

1978年，恢复了研究生制度。刘嘉麒的心又被希望的风帆鼓动着。他参加了初试，成绩优秀，随后接到了复试通知，当年7月，到报考单位中国科学院地质研究所研究生招生办公室去报到。我们都被通知去北京第二外国语学院招待所住一夜，第二天上午考口试，与报考的导师及其秘书助手等见面畅谈。下午我们又参加笔试，分别解答各自相应的专业试卷。

9月底我们收到了录取通知书。不过，我的录取稍有变动，我原报考中科院地质所的研究生，结果被招生委员会调剂到中科院研究生院的师资班，预备毕业以后留在研究生院作教师，但是，我的专业还是地质，由地质所为我安排导师，并负责我学习期间的一切管理工作。我们到北京北郊双清路的北京林学院（现北京林业大学）去报到，我们就在那里进行第一学年的基础学习。

我与地质所的研究生们很快就熟悉，常和他们在一起。众多同学中，刘嘉麒给我留下了深刻的印象，我听人们说他1965年在长春地质学院毕业时就考上了该院的研究生，由于种种原因，他没能正规读完研究生。1978年研究生制度恢复后，他又重考研究生；他报考的导师是地质所所长侯德封老先生，他成绩是相当好的。我初次和嘉麒接触时，见他气宇轩昂，谈吐不俗，令人肃然起敬。

1981年，我们都首届硕士研究生毕业了，我留在研究生院任教。嘉麒毕业后留在地质所。第二年，他考上了该所刘东生院士的博士生，1985年毕业，仍留该所与刘东生院士一起研究第四纪地质学、地质年代学等。他又到研究生院来为研究生讲课，主要是他研究的火山学，这样，我们又成了研究生院的同事。嘉麒后来还担任过中科院地质所所长，1996 年，第 30 届国际地质大会在北京召开时，地质所还举行过"开放日"活动，他亲自接待参会的国内外同行代表，引导他们参观，与他们一起进行学术交流。

嘉麒在科研方面最大的成就在于火山学。他"读万卷书，行万里路"，十进长白山，七上青藏高原，三入北极，两征南极。他足迹遍于全国 34 个省、直辖市、自治区和全球七大洲、四大洋，去过不少没人去或很少有人去的地方。搜集并掌握了丰富的资料与数据，在此基础上建立了火山学完整的理论体系。嘉麒于 2003 年当选为中国科学院院士，并在一些国际学术团体中担任重要职务。

钱学森先生曾说，一个真正的科学家应该同时也是一位科普作家，他毕业的时候不仅要交学术论文，也要交上科普著作。嘉麒正是这样做的。他发表了不少学术著作的同时，也发表了很多科普精品著作。我自己也是从小就热爱科普，小学、中学时代，努力学好功课，争取高分的同时，也阅读了大量科普书刊，深感它对功课的学习很有推动作用和参考价值。进入北京大学之后，我也拿起笔来，进行了科普创作的尝试和实践，发表了一些作品。参加工作以后，我利用业余时间，更多地进行了科普活动，并加入了中国科普作家协会。

2007 年 10 月在北京石景山区老山国际自行车运动员俱乐部举行了中国科普作家协会第五次全国会员代表大会，我也应邀出席，此次大会刘嘉麒院士当选为第五届理事会理事长，并以"科普的金秋"为题致了闭幕词。他说："我深感责任之重大，也有如履薄冰之感，但我相信，有经验丰富的科普老同学的指导和朝气蓬勃的年轻同事的帮助，有您们对我进行的科普，我会尽快进入角色。同全体理事一道，把工作做好。"

嘉麒一手抓科研，一手抓科普，科研科普两不误。他组织了系列科普著作的创作、出版等。2012 年 3 月，中国科普作家协会第六次全国会员代表大会在北京木樨地"中国科技会堂"举行，在理事会改选中，嘉麒连选连任第六届理事长。

2015 年，我想把自己科普作品中短小精悍、可读性强的文章选出一些来出一本集子。印书之前我请嘉麒理事长为此书作序。嘉麒自拟的题目是"热心人热心科普——为潘云唐教授科普文选点赞"。此书于 2015 年 10 月正式问世。

　　适逢刘嘉麒院士从事地质工作六十周年，我实在有千言万语要表示我对领导和教育过我的中国科学院研究生院（今之"中国科学院大学"）、中国科学院地质研究所（今之"地质与地球物理研究所"）及中国科普作家协会等机构和团体的感恩之情，以及对与我精诚团结、和睦共处、推心置腹、坦诚相待的同龄学友及后来居上的学生群体的无限友爱之心。希望我们的事业更加兴旺发达，我们的人生历程更加美丽如花。

谦虚谨慎　待人以诚

——我与刘嘉麒院士

杨小平（浙江大学地球科学学院）

欣闻我国著名第四纪地质学家、中国科学院院士刘嘉麒老师即将从事地质工作六十周年。时间过的真快，似乎只是一转眼的功夫，记忆却把我带到了第一次见到刘老师的 26 年前。在这过去的 26 年中刘老师给了我很多关心、指导、帮助和鼓励。因为刘嘉麒院士特别平易近人，回想起来我习惯性地只称呼他"刘老师"，还从未当着他的面称呼过"刘院士"、"刘所长"、"刘理事长"等。

刘老师为第四纪地质学的学科发展做出了巨大贡献。他曾先后担任中国科学院地质研究所所长、中国第四纪科学研究会理事长、世界自然遗产中国专家委员会主任等多个领导职务，他的多篇 / 部有重要影响的学术论文和著作是学界认识第四纪环境演变的重要文献，特别是《中国火山》（刘嘉麒著，科学出版社，1999）。刘老师不仅热爱自己的研究工作，而且从自己繁忙的领导工作及科学研究中挤出大量时间帮助他人，我属于多年来一直得到刘老师帮助、指导和关心的晚辈中的一位。而这些只有单位内部或真正有机会接触刘老师的人才会知晓。借文集出版之际和大家分享一些和刘老师接触中的个人经历，也谨以此文向刘老师表示谢意。

在刘老师的《中国火山》专著的序言里，我国著名地球化学家涂光炽先生写到"刘嘉麒求实创新、善于合作的治学精神和谦虚谨慎、待人以诚的做人品格，颇得侯德封和刘东生两位地质大师的真传"。得益于刘东生先生的推荐，我曾在刘嘉麒老师长时间担任过主任的原中国科学院地质研究所第四纪研究室工作。在读硕士、博士期间我都曾有机会聆听过刘东生先生的精彩学术报告，第一次是在南京，第二次在柏林。在哥廷根大学获得博士学位后我曾想做刘东生先生的博士后。那个年代中德两地信息交流多是通过邮寄信件，电话不普及且费用昂贵，"互联网"还没有问世。当时还有一种叫电传的通讯工具，但只能用拉丁字母，也不便使用。26 年前即 1994 年 7 月我和妻子带着那时刚一岁多的女儿从德国回国。那次回国的目的除了探亲，就是想向刘先生请教一下做博后的可能性。北京的夏天若真热起来也是让人很不舒服的，那天从德国坐飞机到北京，一出机舱便感到像是进了一个大蒸笼，那时的首都机场候机室也没空调，在机场走两步已感到很困乏。待取完行李刚到出口时，我惊喜地看到了一位老师手里拿着一张纸，上面写有我的名字。我马上走近向他问好，他就是刘嘉麒老师。因为天气热，担心我们带着小孩初到北京人生地不熟，刘东生先生便向刘老师说了我的情况。刘老师的名字我之前已在文献里熟悉，但一直没机会见到他本人。他抽出时间在那样一个炎热的夏天亲自去关怀一个晚辈，并为我们在位于中国科学院地质研究所后面的北京市第一福利院预定了房间。20 世纪 90 年代初期北京的旅馆还是比较少的，要是能提前预定到房间，就可以免去找不到住宿的烦恼。刘老师这样对晚辈的真诚关心和友好帮助使我终身难忘。所以当我读到前面提到的涂先生关于刘老师的描述时，深感涂先生概括得恰如其分。

在调入浙大之前，我在中科院地质所（1999 年合并为地质与地球物理研究所）工作了近 20 年。无论在到所之前、在所期间还是离所之后，刘嘉麒老师都给了我像自己长辈一样的指点、帮助和关怀。中科院地质与地球物理研究所是国内外久负盛名的科研机构，报考那里研究生的不少都是有远大理想的学生。我在那里也有幸招到多个较为优秀的研究生。但我本人辅导学生经验不足，每当学生进入毕业季时，我总是希望能请到权威学者评阅学生的毕业论文并主持或参加学生的论文答辩。回想起来，我在中科院期间所带的学生都曾上过刘老师在国科大的课，多半学生的毕业论文都曾得到了刘老师的直接指点和指导，每次请刘老师评审和主持论文答辩时，刘老师都是尽量抽出时间。在学生答辩过程中，刘老师总是能给出建设性的意见和建议，使得学生在人生奋斗的道路上受益匪浅。评委的意见虽然是针对学生的研究工作的，但指导老师也能从中得到启发。

　　近年来许多高校都在强调"以本为本"（以本科教育为根本）。"以本为本"的一个方面就是要求老师重视课堂教育，按时讲好每一节课，杜绝他人顶替任课教师上课的现象。虽然中国科学院大学还没招收地质学专业的本科生，但刘老师在长期的研究生教学中，在高度重视教学质量、重视讲课内容这一方面早已起到了表率作用。自中国科学院研究生院成立起，刘东生先生就在那里开设课程。我到室里时刘东生先生主讲"第四纪环境"，那时为了让学生能够更多地了解学科前沿，刘先生时常安排室里多位老师讲授这门课，当然包括时任所长的刘嘉麒老师，我也有幸加入到这门课的授课教师队伍。后来这门课改成了"近代第四纪地质与环境"，由刘嘉麒老师主讲，按照研究生院新的要求，上课教师的人数最多三个，即使这样，每个学年刘老师仍会安排我参与授课。而每个年度的授课都促使我对学科进展进行一次新的学习和梳理。因为刘东生先生和刘嘉麒老师的杰出、负责执教，这门课每年都是在最大的教室进行授课，学生互动积极，这门课多次被评为"优秀课程"。我也因此先后两次拿到中国科学院大学地球科学学院颁发的"杰出贡献教师"荣誉证书，而我本人对该证书的贡献确实微不足道。

　　中科院地质与地球物理研究所新的办公大楼建成后刘老师的办公室搬到了新楼，我能见到刘老师的机会就少了。而在这之前，我和刘老师的办公室在同一楼层，既使在周末和节假日也能经常在单位碰到刘老师。我自己是做沙漠研究的，一般只参加与我"专业"相关的学术会议。但从2009年至2017年我曾先后兼任国际地貌学家协会（IAG）的执委、副主席。在那段时间我也参加了个别IAG参与的关于世界自然遗产的学术会议。在2010年参加"张家界砂岩地貌国际学术研讨会"时我很惊喜地遇见了刘嘉麒老师、中国地质科学院李廷栋院士、陈安泽研究员、中科院地质与地球物理研究所赵希涛研究员及中科院地理与资源所黄河清研究员、师长兴研究员等著名学者。在会议开幕式上我才知道刘老师是会议的主要特邀代表之一。在张家界会议上我获得到了一些意想不到的新认识，并深刻感受到当地政府和社会大众对地形、地貌等科学知识和科学研究进展深入了解的渴望。刘老师长期以来关注科学知识的大众普及，以弘扬科学精神为己任，为传播科学知识不辞劳苦。例如，浙大 2017 年邀请刘老师在"科学与中国"讲座系列来杭州做学术报告，京杭之间距离并不近，报告安排在下午，刘老师那天一早就从北京出发，下午做了题为"第四纪地质与环境"的学术报告，当天晚上便匆忙又返回北京了。报告后同学们用"听君一席妙语，如读一本好书"来形容刘老师的精彩讲座。

刘老师一直十分重视科学领域的国际合作，并是实现我国由科技大国提升为科技强国目标的积极贡献者。20 世纪 90 年代他就同德国 Negendank 教授等合作，率先在中国开展了玛珥湖（一种特殊的火山口湖）古气候记录及纹层年代学的研究，这项合作研究推动了晚第四纪以来高分辨率古气候重建和气候突变事件的识别和厘定。刘老师的科研工作正如涂先生所介绍的，"求实创新、善于合作"。中科院地质与地球物理研究所于 2007 年在内蒙古阿拉善盟举办了"干旱、半干旱区环境演变与可持续发展国际学术研讨会"。会议的学术委员会主任为刘东生先生，组委会主席为刘嘉麒老师，我是会议秘书长。刘先生对这个会议很重视，但遗憾因身体原因没能参会。因是在异地办会，会议场地较小，但那次报名参会的外国学者较多，报名截止日期后就关闭了报名通道，但既使这样，参会的人数仍比原计划的多了一倍。为了使会议圆满成功，刘嘉麒老师自始至终都参加、主持了相关会场，并在开幕式和闭幕式上致辞。刘老师吃苦耐劳、一丝不苟的工作习惯也是值得我毕生学习的。

2010 年参加"张家界砂岩地貌国际学术研讨会"期间，作者（右）与刘嘉麒院士（左）合影

朴实求真　回馈社会

齐在元（中科科技培训中心）

　　我和嘉麒都是东北人，有着东北人相似的性格和共同语言，我们相识三十年，共事十余载，现今也都步入古稀耄耋之年，回望过去，这些年正是中国改革开放风起云涌，社会发展高速腾飞的年代，观世事千变万化，看时代气象万千，在感慨变化太快的同时，我更看到了嘉麒这些年来的不变与坚持，他对科学事业的奋进求真，对同事朋友的热忱率真，对科普教育的执着认真，一个"真"字在我脑海中泛起朵朵浪花，激起了曾经的点滴回忆，历历在目的往事让我感受深刻，嘉麒对学术事业追求与待人处事风貌真真切切做到了不忘初心、率先垂范，时值刘嘉麒院士从事地质工作六十周年，写此小文以纪念老友情谊，也为传播其精神品格，望能使青年后辈学习传承。

　　我和嘉麒相识是从 1991 年第十三届国际第四纪研究联合会大会开始的。大会于 1991 年 8 月 2 日至 9 日在北京亚运村国际会议中心（五洲大酒店）隆重召开，来自 47 个国家的 1000 多人参加。大会以"全球环境变化与人类活动的关系"作为中心议题，共同探讨保护全球环境的有效措施，寻找防止环境恶化的途径。这是中科院自改革开放以来，举办的规模最大、参会人员规格最高的一次国际科技盛会。

　　嘉麒当时作为研究室主任，带领中科院地质所第四纪研究室全面负责会议的学术组织工作，我当时作为中科院国际学术交流中心副主任，主要负责会议的会务组织工作。这次会议取得了圆满成功，加强了我国同国际学术界的交流与沟通，中国科学院刘东生教授当选为国际第四纪研究联合会主席，这是第一位亚洲科学家当选为该组织的主席。嘉麒对会议的成功举办起到了重要作用。

在会议组织筹备的近两年时间里，我与嘉麒以及研究室的同事们，默契配合、通力合作，保障了会议的顺利召开实施。期间嘉麒严谨的治学态度、勤奋认真的工作干劲和精神给我留下了深刻的印象，让我们学习收获了很多。他的这些精神品格，源自于青年求学时代拼搏奋斗的成长历程。他在多次科普讲座中也提到，年幼时家境的拮据并没有使他放弃理想抱负，反而激励他更加刻苦努力，勤奋好学，也是自那时起，他便深深懂得只有知识才能改变命运，这使得他日后在 37 岁的时候选择攻读研究生，开启了科学研究之路。

嘉麒在 44 岁时，成为新中国成立后培养的第一批博士，这个博士学位来之不易。他在前后十年间，两次考试，两次录取，读了两遍研究生，为了从事科学研究，他曾说到"把 37 岁当 27 岁来过"，正是这种孜孜不倦的追求，他以敢为人先的精神，锐意创新，出色地完成了博士期间的学业，在 1986 年获得了中国矿物岩石地球化学学会授予的首届"侯德封地球化学奖"，以表彰他"在中国东北地区新生代火山岩年代学研究中做出卓越成就"。1990 年，他又被国家教委和国务院学位委员会评为"做出突出贡献的中国博士学位获得者"。

我现在所在的单位是中科科技培训中心。是 1991 年由王大珩院士、李振声院士、王绶琯院士、林群院士等科学家共同发起倡议并获得批准成立的事业单位。2005 年，要推选一位热心科普教育的知名科学家担任中心主任。中心理事会的几位院士一致推嘉麒担任中心主任，并请中心理事长林群院士代表中心出面邀请。嘉麒欣然接受了邀请并报请有关归口管理单位批准正式成为中科科技培训中心不拿工资的公益主任。

嘉麒上任后，为了促进和提高中小学教师的教学与科研水平，和中心的几位资深院士共同发起倡议，建议系统开展教师科学素养全面提升工作，之后与海淀区教委联合，面向全区系统的中小学教师开展科普教育讲座，科学家的报告和讲座深受中小学教师的欢迎，开创了中小学教师继续教育的新模式，为全面提升教师科学素养作了积极有益的探索。

2018 年，他支持并亲自参与中心同西城区教育系统联合成立"北京科技工作者和教育工作者联谊会"，把中科院自动化所、心理所、生物物理所、纳米中心、植物所、力学所和北京四中、八中、三十五中、161 中学、铁三中、中古小学、五路通小学、西城教育研修学院等科研院所与教育教学机构联合起来，共同探讨和组织多种多样的科教融合活动，促进教师的科技教学与科研的能力，提升师生的科技素养。开展的系列活动取得了非常好的效果，深受广大师生的热烈欢迎，并获得一致好评。

嘉麒院士多年来坚持为大中小学生开展科普讲座，传播科学方法，弘扬科学精神，每年都要举行几十场科普报告会，足迹遍及祖国大地。

除了大力支持科普教育事业外，在 2005 年至 2009 年间，作为振兴东北老工业基地，服务资源型城市转型的一项探索，中科科技培训中心连同中共鸡西市委和鸡西市政府，合作组织了"兴凯湖智力行"院士专家走进鸡西市的活动，开展了系列科普宣传、捐资助学、科技成果推广、开展科技人才培养等活动。

在嘉麒院士的带领下，来自各高校院所的 100 多位知名专家学者应邀来到祖国的边陲煤城鸡西，开展了多种形式的智力引进、成果转化工作，共同推动煤城鸡西开展煤的综合利用及转化，推广锅炉节能改造技术，帮助地方提高水稻产量，改进烟草技术及农副产品深加工技术。

嘉麒院士更是亲自赴鸡西梨树区等地考察玄武岩矿山生产及加工工作，调研兴凯湖湿地保护区和国家地质公园，协助鸡西市把黑龙江省煤炭系统科技人才大会落户到鸡西召开，极大提升了鸡西市在全省科技人才培养工作中的影响力。在中心主任嘉麒院士的亲自领导和亲自组织下，我们为鸡西市的科技发展、人才培养和科技创新做出了一定的贡献和帮助，得到了鸡西市领导和科技人员的一致好评和感谢。

刘嘉麒院士曾说他的导师刘东生先生在 80 岁的时候，仍奋斗在科研和教育第一线，跑野外从不马虎、站上讲台可以连续讲两个小时课。刘东生先生以这种无言的教导为他们那一代学生树立了一生学习的楷模榜样，嘉麒院士多年来一直追逐着自己的人生理想与事业目标，奋力与时间赛跑，"我出生在贫苦的家庭，这一生是依靠国家和社会给予的，现在自己有点用了，就得要回报给社会，这是最基本的做人准则"。2019 年，嘉麒一年出差超过 100 天，他最大的困扰就是时间不够，岁月如织，他依旧砥砺前行，他永远在路上，一直在前进！

最后，我们衷心祝愿刘院士桃李满天下，再攀科研新高峰！愿刘院士带领我们继往开来，创新科普教育新模式，为我国未来科技人才的培养做出新的贡献。

你的心中　有一座爱的火山*

——贺刘嘉麒院士从事地质工作六十周年

郭曰方（中国科学院机关）

你是一位杰出的

地质学家　曾经

六上青藏高原

远征南极北极

不知道　这一生

你穿越过多少

崇山峻岭

坎坷崎岖

也不知道

在考察途中

你遭遇过多少

惊涛骇浪

狂风骤雨

年年岁岁

岁岁年年

与星月作伴

与冰雪为侣

或攀着悬崖

*引自《新国风诗刊》

或贴着峭壁

或乱云飞渡

或斩荆披棘

半个多世纪的

艰难跋涉　你硬是

以一览众山小的气魄

坚韧不拔的毅力

一步一步　终于

登上了　人生

那风光无限的山脊

啊　刘嘉麒先生

数十年春风秋雨

你就是这样

踏破关山万重

蘸着心血汗水

把科学的论文

写在蓝天　海洋　大地

描绘中国火山的

时空分布

解析新生代火山的

运动规律

揭示地球生命的密码

探索人与自然的关系

你不停地　探索着

寻觅着　思考着

你很想很想知道

每一次火山喷发

那震耳欲聋的呐喊

那遮天蔽日的烟云

那烈焰奔腾的岩浆

那冰川与火焰的撞击

都给人类认识地球

与生存环境的变迁

带来多少科学命题

关于地质构造

关于气候变化

关于自然灾害

关于能源危机

在人类赖以生存的

地球村下

究竟　还隐藏着多少

至今无法揭开的谜底

科学的攀登

永无止境

是什么力量

支撑着你

扶杖前行

取得如此卓著功绩

记得　你曾经说过

科学探索

需要选择一个方向

占领一个领域

每前进一步

就要解决一个问题

你还说　年轻人

要做出成绩

就必须注重实践

既要创新超越

又要脚踏实地

科学考察

最重要的　是要有

吃苦耐劳精神

祖国的强盛　才是

战胜困难的巨大动力

有了这样的理想

这样的意志

这样的毅力

这样的勇气

就没有什么困难

能够阻挡

奋勇攀登的步履

啊　你的心中

一定　有一座

爱的火山

当爱的凝聚

冲破　亿万年的沉寂

蓬勃绽放

就必然会　惊天动地

光照环宇

爱祖国

爱人民

是你一生信守的诺言

爱自然

爱人类

是你探索未知的定律

胸怀天下

大爱无疆

你用生命的每一寸光阴

照亮别人

燃烧自己

耄耋之年

你依然牵挂着

地质科学的发展

在你看来

中国科技强国的大厦

必须要有坚实的地基

尊敬的刘嘉麒先生

科学的道路

漫长而修远

那么　就让我们

跟随你的足迹

去攀登前方

那座新的高峰吧

远方　你缓缓

移动的身影
分明就是 一面
引导我们
不断勇攀高峰的
光辉旗帜

学 生 篇

环球一甲子　岁月览征程

郭正府[1]　孙玉涛[2]　赵文斌[1]（1. 中国科学院地质与地球物理研究所；
2. 河北地质大学资源学院）

　　"古人学问无遗力，少壮工夫老始成"。只有经历了岁月的雕琢与洗礼，才能用生命的长度、宽度、深度和温度，写就人生的壮美篇章。环球一甲子，岁月览峥嵘。谨以此文回顾刘老师从事地质工作六十年的路程，并以此激励我们继续奋进。

——题记

　　刘老师是我国著名的岩石学家、火山地质学家、第四纪地质学家，长期致力于火成岩岩石学、火山学、第四纪地质学研究，在同位素地质年代学、玛珥湖高分辨率古气候学、火山地质与环境、玄武岩新材料等方面建树颇丰。

　　刘老师先后师从我国著名地质学家穆克敏教授、学部委员（后改称院士）侯德封先生、鄂莫岚研究员和刘东生院士，1986 年获中国科技大学研究生院理学博士学位，是我国设立学位制度后第一批博士学位获得者。

　　埋头苦读万卷书，俯身躬行万里路。刘老师投身地质研究六十载，十进长白山，七上青藏高原，三入北极，两征南极，足迹遍布全国 34 个省、直辖市、自治区和全球七大洲、四大洋以及很多无人区，搜集并掌握了丰富的地质资料与数据，在此基础上建立了火山学完整而精辟的理论体系。

　　2021 年，适逢刘老师从事地质工作六十周年之际，回顾他带领中国火山研究攀登科学高峰、走向世界留下的一串串铿锵有力的脚步和艰苦奋斗的身影，以激励后人继续奋进。

一、历经磨难 矢志不移

刘老师 1941 年出生于辽宁省丹东（原称安东）市，故乡为北镇县。1949 年锦州战役后，北镇解放了。不幸的是，在小学二年级时，他的父亲就去世了，家里少了最主要的劳动力，生活变得更加贫困。然而，这一切困难并没有挫败他在幼年时期的求知欲望。靠着顽强的毅力、坚韧的性格和聪慧的品格，在学校和亲友的帮助下，他克服种种困难，以优异的成绩顺利完成了小学、初中的课程学习。1957 年初中毕业时，当时中考的形势很严峻，竞争非常激烈，全县 2000 多名初中毕业生，高中只招生 200 名，录取率不足百分之十。他所在的乡，当年有 38 名初中毕业生，最终只有包括刘老师在内的两名毕业生，考上了高中。

1960 年，中学时代的刘老师以全优生的成绩顺利完成了在北镇高中的学习。他虽然喜欢文学，但为了减轻家里的负担，却报考了免食宿费、学费和书费的地质专业，考取了长春地质学院，从此便开始了地质生涯。本科求学阶段，在学校时常吃不饱饭。有的同学忍受不了学校生活的艰苦而相继退学，他却不惧那艰苦的环境，咬牙坚持了下来，学习成绩始终名列前茅。他刻苦学习，积极响应"练就铁脚板，为祖国地质事业做贡献"的号召，坚持锻炼，热心帮助同学，积极参加班级活动，经常会把自己的课堂笔记借给学习有困难的同学，帮助他们温习功课，并利用课余时间负责学院《大学生板报》和《共青团广播站》的编辑、出版、播音工作。

1965 年，他于长春地质学院本科毕业后又考取了研究生。那时考研究生先要经过挑选方能取得报名资格，当年全院 7 个系 1000 多名毕业生，被遴选报考的近 40 名，最后被录取的仅 8 名，他是 8 位脱颖而出的佼佼者之一。

1973 年，刘老师被调到吉林省冶金地质勘探研究所工作，负责在那里建立同位素实验室，并担当室主任。这个实验室是当时全国少有的几个既能做钾-氩年龄测定又做硫、氧同位素分析的实验室之一，为推动我国的同位素地质年代学和地球化学发展做出了应有贡献。

1978 年，国家恢复了研究生制度，时年 37 岁的刘老师虽已经有了研究生学历和比较合适的工作，但为了追求心中的梦想，还是决定再考研究生。经过艰苦的努力和激烈的竞争，他终于考取了中国科学技术大学研究生院暨中国科学院地质研究所的研究生，然后抛家舍业，只身一人从长春来到北京，多年住在条件很差的木板房（地震棚）里，读完硕士又考博士，先后师从侯德封、刘东生两位地学大师和多位老师的教育指导，用 7 年多的时间，出色地完成了研究生阶段学习，获得了理学硕士、博士学位。他"在中国东北地区新生代火山岩年代学研究中做出的卓越成就"，受到国内外同行的高度赞赏，1986 年中国矿物岩石地球化学学会授予他首届"侯德封地球化学奖"；1990 年，国家教委和国务院学位委员会表彰他为"做出突出贡献的中国博士学位获得者"。

值得一提的是，他在读学位期间，还受中国科学院的指派，独自一人到新疆支边三年（1984~1987 年），为新疆建立了第一个放射性碳定年实验室，承担了多项国家科研项目，多年担当自治区政府的科学顾问，跑遍了天山南北，为边疆的科学发展，做出了积极贡献。

刘老师为求学深造，历经艰难，却矢志不移，除了经历了 17 年的传统教育，还三次考研（65 年考研，78 年考硕、81 年考博），三读研究生，一生做了 27 年多的学生。如果说时代的微尘，落在每个人头上，都可能成为一座大山，那刘老师却是在时代奔涌的潮流里挺立起来的中国新生代火山学研究的脊梁！他尊敬师长，始终是谦虚谨慎的学生；在同学们眼里，他又是一位沉稳的大哥，说话斯文、学识渊博，大家都对他充满敬意。第二次考上研究生之后，他"把 37 岁当 27 岁过"，把耽误的时间追回来。从上世纪 70 年代开始，他便开始对我国东北长白山火山地质进行深入考察研究，将自己的热情和经历奉献给了挚爱的地质专业。野外工作中，他对每个地质现象的观察和地质样品的采集都一丝不苟，野外笔记清楚细致，并配以素描，照片更是精彩逼真；他非常重视亲自动手做实验，亲自处理样品和数据，他测试的数据，精度高，可信度高，经得起时间和实践的检验。他亲历亲为的工作作风，不仅自己一直信守，也对学生提出很高要求。直到成为著名的专家和院士，这个习惯仍依旧伴随着他。

二、努力实践，开拓创新

纸上得来终觉浅，绝知此事要躬行。长期以来，由于国外对中国火山了解甚少，大部分人认为中国没有活动火山。上世纪初，英国著名科学史学家李约瑟（Joseph Needham）博士在其《中国科学技术史》中曾写道："由于中国境内根本没有火山，因此关于火山的一切资料就只能来自中国境外"。国外对中国火山认识的极度不足，一直是刘老师心中深深的遗憾。他是中国火山学研究的开拓者，对中国乃至全球的新生代火山进行了广泛深入的调查研究，足迹遍及中国的东西南北和世界各地，从青藏高原到台湾海峡，从白山黑水到地球三极，他是大兴安岭、长白山、羌塘、可可西里、西昆仑、横断山系等无人区火山研究的早期开拓者，在那里新发现多处火山，并为那些不被人知的火山命了名。他身体力行，常年在高原奔波：西昆仑倒入急流、东昆仑通宵寻找迷路汽车、可可西里无人区度过风雪夜……靠着让中国火山走向世界的坚实信念以及对地质工作的热爱，神秘的青藏高原就像他的第二个人生舞台，充满了艰辛，也书写了辉煌。刘老师率先阐明了我国火山的时空分布和岩石地球化学特征；在大量野外考察的基础上，查证了西昆仑阿什火山1951年的喷发活动，并在东北、内蒙古、海南等地发现多处活火山，改变了人们认为中国没有活火山的观念，在中国火山学的历史中打下了一枚沉甸甸的"金钉子"！他的《中国火山》一书，概括了中国火山研究全貌，在国内外同行中产生重要影响。

作为中国学者，刘老师最先考察研究了南极欺骗岛的火山，确立了火山活动与气候变化的相互关系。并对东非大裂谷、美国中西部地区的盆岭山省及夏威夷群岛、地中海西西里岛及利帕利群岛、日本列岛、印尼的巴厘岛和喀拉喀托、印度洋的留尼旺岛等地区的火山进行了考察。

在开展火山研究的同时，刘老师积极倡导和推动火山监测站的建立，先是在长白山和五大连池建立了火山监测站，接着在吉林大学成立了"长白山火山研究中心"；后来，又建立了"吉林省火山地质院士工作站"，从而推进了我国火山的监测和预警。

创新是科学研究的生命力。刘老师干一行爱一行，爱一行专一行。如果说"火山"的关联词汇是"灾难"，那么在他看来，火山是地球的灵魂，是一本记录地球演化和气候演变的"大书"，是一个能为人类提供巨大物质财富的宝库；火山活动贯穿于地球形成演化的整个时空，是联系地球系统科学的重要纽带。他率先成功测定了年轻火山岩年龄，建立了新生代火山幕和火山活动周期，纠正了过去一些错误的火山地质年代；提出了火山—构造气候学的新观点，建立了东亚大陆裂谷系和东北亚板块体系；开拓出多项火山研究的新领域；他定名的"玛珥湖"———一种特殊的火山口湖成为高分辨古气候研究的自然档案；把火山岩从寻找油气藏的禁区变为靶区；让玄武岩能拉丝，成为绿色高新复合材料，使点石成金变为现实。

玛珥湖沉积物是研究高分辨率古气候古环境的难得载体，受到国际学界的高度重视。刘老师率先辨识确定了中国玛珥湖的类型、特点和分布特征，并对其进行了科学定义和定名，成为研究古气候古环境的新领域；与德国合作20余年，使中国吉林龙岗地区玛珥湖的研究价值和成果，可以与世界著名的德国埃弗地区玛珥湖媲美，目前中国玛珥湖研究的某些领域居于国际领先地位，广东的湖光岩、吉林的四海龙湾等玛珥湖已名扬天下。

油气勘探领域的传统理论认为，沉积岩，尤其是具有适当孔隙度的碳酸盐和砂岩是石油资源最好的生油层和储油层，是理想的油气藏。由于沉积作用和火山作用两种地质作用之间的"矛盾"，传统成油理论指导下的勘察工作重点历来是寻找沉积岩，避开火山岩。然而，刘老师凭借着敏锐的科研直觉和创新精神，较早注意到了火山岩在生油和成油过程中的作用，认为中国东部地区大陆裂谷系中的火山岩可以作为油气储藏的良好储层，他在2006年6月召开的"大陆火山作用国际学术研讨会"上指出，我国在东北、华北和西北地区火山岩中发现的油气藏和取得的勘探进展，开辟了寻找非常规油气藏的新领域，是我国石油界的第三次创新的主要方向。在刘老师的带领下，中国科学院地质与地球物理研究所与大庆油田、吉林油田、吉林大学以及中国石油勘探开发研究院等单位于2008年联合申请并获批了国家科技部"973"项目"火山岩油气藏的形成机制与分布"，让火山油气藏成为了我国输送能源的一条新"血管"。

火山岩是地质学研究的主要对象之一。长期以来，人们对它的研究多集中于岩石地球化学等基础理论领域，这当然是必不可少的。然而，在刘老师看来，基础研究的最后落脚点应该是指导实践、指导应用，这也是实践是检验真理标准的根本体现。刘老师在深入研究火山和火山岩的时空分布，生成机理，演变特征等基础理论的同时，密切关注火山保护，资源开发，灾害预防等方面的工作，为国家建立火山地质公园和火山监测站提供科学依据和支持，并把火山资源的开发利用从低端的原材料（火山灰、渣、石）大量消耗，提升到高端的复合材料生产应用，使"点石成金"成为现实。

玄武岩是广泛分布的火山岩，以它为原料，经一定的生产工艺可生成纤维、岩棉和鳞片，进而制作各种复合材料和用品，具有弹性模量高、力学性能好、耐高温、耐低温、隔热、阻燃、绝缘、抗腐蚀、抗辐射等特性，在航天、航空、军工、消防、海洋、船舶、交通、建筑、环保等领域，具有非常广泛的应用价值。

刘老师积极推进玄武岩绿色新材料的发展，把国外的先进技术引进中国，从原材料的寻找与加工，生产工艺的改进与提高，到实用产品的研制与开发，给生产、应用部门以理论和技术的指导。

在刘老师的带领和推动下，2008年，中国科学院地质与地球物理研究所、江苏天龙集团与乌克兰科学院材料研究所联合在北京、基辅分别成立了中乌玄武岩连续纤维复合材料实验室；2010年成功举办了首届"玄武岩纤维材料产、学、研国际论坛"；2011年，刘老师主笔起草了《关于将玄武岩纤维材料纳入十三五规划的建议》，提交给国家有关部门；2015年，应邀率团访问加拿大，与加拿大政府科技、交通、矿业、高校等部门就玄武岩纤维材料产业与应用进行了广泛的交流，并在政府组织的研讨会上做主旨报告。这是我国玄武岩材料界首次在国外交流与合作，也是国外首次引进中国的玄武岩纤维生产技术。2016年，刘老师负责的北京中地创新玄武岩复合材料研究中心与江苏天龙公司等单位联合主办的"玄武岩纤维之路——玄武岩纤维在交通工程中的应用学术交流会"，推动了玄武岩纤维在交通工程中的应用和发展。

2018年，在河北地质大学领导的支持下，刘老师与该校宝石与材料工艺学院共同成立了玄武岩纤维材料研究所，为开展玄武岩纤维材料研究和培养专业人才搭建了平台；同时，中东和非洲有些国家的驻华使节和相关人士主动访问河北地大，并与之建立全面合作关系，扩大了中国玄武岩纤维材料研究与生产的国际影响。

无论是在国内还是国外，凡是受邀出席相关会议，讲解玄武岩纤维材料的生产机理、性能与应用；受访介绍发展玄武岩纤维材料产业的相关问题，刘老师都尽可能地接受邀请和访问，不厌其烦地回答各种问题，极大地提高了各级领导、企业家等对玄武岩纤维材料的认可度，有力地推动了玄武岩纤维材料产业的发展。

20年来，中国的玄武岩纤维生产厂家从无到有，从小到大，从弱到强，发展势头迅猛异常，全国已有近百个厂家和研究单位，从事玄武岩纤维材料的生产、研发和产品制作，形成了广大的产业链，其生产规模和技术水平均达到了国际领先地位。一个新兴产业能在如此短的时间里，发展这么快，这么好，与国家的重视支持，从业人员的积极努力密不可分，刘老师为此付出的辛劳和突出贡献有口皆碑。

科技扶贫是推进贫困地区脱贫攻坚的重要手段。通过产业扶贫推动地区相关产业的优化发展是从"输血"式扶贫向"造血"式扶贫转变的关键。贵州省六盘水市水城县是中国科学院定点帮扶县。以刘老师为代表的中国科学院地质与地球物理研究所科技扶贫团队在当地政府的大力支持和帮助下，根据六盘水地区玄武岩资源状况，形成了"矿石原料—生产工艺—下游产品开发"的完整帮扶链，通过建立玄武岩纤维材料生产厂家，为当地实现"造血式"产业发展提供了重要的技术支撑，增强了产业在扶贫攻坚中的"造血"功能，真正实现了科技扶贫、科技脱贫。

藏在深山人未识，终有时日露峥嵘！目前，玄武岩高新绿色材料已纳入国家发展规划。昔日藏在深山中黝黑的玄武岩，在刘老师智慧和卓识的点化下，变成了能够带动产业飞速发展的"金疙瘩"；正昂首阔步走出深山，走向世界！

艰难困苦，玉汝于成。多年的努力和钻研，刘老师的科研成果获得了"国家自然科学奖二等奖"、"国家科技进步奖二等奖"、"中国科学院自然科学奖一等奖"、"中国科学院科技进步奖一等奖"。

三、教书育人，堪为师表

师者，传道授业解惑。刘老师不仅是一位成绩卓著的研究员、科学家，也是一位德高望重的教授、教育家。他从事科学研究已 60 年，在中国科学院大学任教授课 37 载，还在吉林大学、中国地质大学（北京）、河北地质大学、沈阳师范大学、南开大学、郑州大学等校任兼职教授或特聘教授，为那里的学生授课、讲座，培养研究生，为各学校的学科发展和专业建设倾注了大量心血。目前，刘老师已培养研究生（硕士、博士）和留学生（博士）70 余名。他注重在实践中培养人才，倡导学、产、研综合发展，曾代表中科院地质研究所与中国石油大学签署协议，共同培养生产一线的技术骨干，选拔那些已有一定实践经验和工作成就的青年才俊到科学院继续深造，提高理论水平和创新能力，学成后再回到生产一线指挥生产；通过这一措施，为石油部门培养了一批业务精英，有的已成为中国工程院院士和单位负责人。

火山学、新生代地质年代学、第四纪地质与环境是刘老师讲授的研究生专业课程。37 年来，无论多忙，从未停过一次课，常常上午讲一门（4 节），下午讲一门（3 节），在中国地质大学（北京）等高校讲课白天排不开时，就放到晚上讲，一讲就是 3 小时。刘老师讲课总是站着讲。虽然已近耄耋之年，但刘老师讲起课来依旧跟年轻时候一样，精神矍铄，充满热情，有很强的吸引力和感召力。

春风化雨，桃李芬芳，不计辛勤一砚寒；桃熟流丹，李熟枝残，种花容易树人难。刘老师每次上课前都会重新梳理讲课的内容，整理完善课件，认真地为大家传授知识。授课过程中，会给学生们穿插讲述许多地质工作的难忘经历，让学生充分感受到这个专业的乐趣和意义。他的幽默语言，渊博知识，丰富经历，让人感到听刘老师的课是一种享受！不仅能学到理论知识和专业本领；还能体会人生、从学的道理以及对国家、对科学事业的深深情怀！每次上课除了选课的同学悉数出席，未选课的同学也有些前来听讲，教室的过道常坐满人。由于选课和听课的人多，学校往往把最大的教室留给刘老师作课堂。

新竹高于旧竹枝，全凭老干为扶持。他总是鼓励年轻教师、在读研究生（硕士生和博士生）、博士后参加国际交流与合作，参加学术会议；找机会让年轻人走出去，开阔视野，了解最新的科研成果和科研前景。目前，刘院士培养的学生都已在各自的工作岗位发挥着重要作用。刘老师虽已年近八旬，仍经常和学生一起出野外，一起出席学术会议，和学生们交流思想，讨论学术问题。他是我们学生学习的导师和楷模，更是学生的良师益友！

四、回馈社会，报效祖国

刘老师在努力从事科学研究，并取得杰出成就的同时，始终重视科技咨询和科学普及工作，把自己学到的东西回馈社会，报效祖国。他积极参与了国家关于振兴东北（包括内蒙古），新疆跨越式发展，浙江沿海及岛屿新区开发，淮河流域环境与发展，矿产资源与能源等方面的战略研究，撰写了多份研究报告；并对罗布泊、长白山、湖光岩、福建沿海、云南腾冲等重要自然遗产和地区的保护、开发提出了宝贵建议，受到国家、地方政府和有关部门的高度重视和采纳，为国家与地方的社会经济发展贡献了智慧和力量。

刘老师很早就强调"科学普及与科学研究同等重要"，"科普是强民之策，强国之道"，"科普是科学家的天职，每位有良知的科学家都应肩负起这份义不容辞的社会责任，在科学普及中做出自己应有的贡献"。

自 1981 年以来，刘老师在各种报刊杂志上，发表了近百篇科普文章，为全国各地，包括澳门、香港的大、中、小学的师生、党校学员、机关干部、社会群众，作专题讲座或科普讲座几百场，涉猎火山、极地、气候、环境、资源、能源、宝石、化石以及教育、科普、励志等方面十几个题目。每次讲座，根据讲授对象的不同，他都要认真设计和组织不同层次的讲授内容，有理论，有事例、有数据，有故事；内容丰富多彩，语言生动活泼，讲授深入浅出，无论是干部、学员还是学生、老师，都会感受深刻，受益匪浅，很受听众的欢迎。

2007 年，刘老师被推选为第五届中国科普作家协会理事长，接着又当选为第六届理事长，连续工作 9 年多。他认真负责，积极投入，带领全国的科普作家和科普工作者，努力开展科普创作和科普活动，热心培养科普人才，成功地创作出"当代中国科普精品书系";举办了首届"中国科普电影周",开展了影像、动漫、绘画、抖音等多种形式的科普,为提升我国的科普水平,扩大科普的社会影响做出了应有的贡献。2001年,刘老师被中国科协授予"全国优秀科技工作者";2016年被科技部、中宣部和中国科协联合授予"中国科普工作先进工作者";2019年被中国老科协授予"中国老科学技术工作者协会30周年先进个人"。

如果说科学的价值一方面在于服务民众,另一方面就在于为国争光。科研是国家间软实力交锋的锋尖和战场。1987至1991年间,为筹备在中国召开第十三届国际第四纪研究联合会(INQUA)学术大会,刘老师作为大会筹委会的常务副秘书长,做了大量艰苦细致的工作,成功地在北京举办了这次大会。在这次会议上,中国科学家刘东生教授当选了INQUA主席,打破了亚洲学者无人担当这一职务的先例,大大提高中国第四纪研究的国际地位。后来,在刘老师的影响和组织下,第六届国际玛珥会议(The 6th International Maar Conference)于2016年7月30日~8月3日在吉林省长春市召开,这是该系列国际学术会议第一次在亚洲举办。来自澳大利亚、哥斯达黎加、德国、法国、以色列、意大利、日本、朝鲜、韩国、墨西哥、新西兰、西班牙、罗马尼亚、俄罗斯、英国和中国的百余名代表出席了会议;刘老师任大会主席,并做主题报告,会议获得圆满成功,刘老师被任命为"国际单成因火山委员会"的联合主席,大大提升了中国火山学研究在世界范围的影响力。

正是由于刘老师多年的艰苦努力和做出的卓越成就,在他的带领下,中国火山领域研究队伍不断壮大,引起了世界各国同行对中国火山和火山研究的重视:朝、韩、日、俄、德、意、比、英、美、新西兰、以色列等国的同行主动与中国合作,并在合作中越来越体现出中国的主导地位,为国家赢得了荣誉。

以诚相待、不失底线。广泛的国际合作不仅使刘老师赢得了非常高的国际声望,也赢得了国际社会对中国科研工作者,尤其是火山研究人员的尊重!

能够有幸成为刘院士学科组的成员,能够有幸成为刘老师的学生,我们感到无上的自豪和光荣!环球一甲子,岁月览峥嵘,希望刘老师带领我们在下个甲子再创辉煌!

踏遍青山人未老

储国强（中国科学院地质与地球物理研究所）

钱钟书先生曾言"读万卷书，不如行万里路，行万里路，不如阅人无数"。刘嘉麒院士五征极地、七上青藏高原、十入长白，其人生体悟，可谓丰富独特。

窗外春雨绵绵，润物无声，唤得花红柳绿又一年，蓦然回首，与刘老师相识已是 35 春秋，虽未能陪伴他踏遍五湖四海，但也曾与他同行、风雨兼程。借用毛主席诗词"踏遍青山人未老"为题，撰写此文。

一、北极考察

北极（泛指北极圈以北地区）在全球变化研究中具有极为重要的作用，如果说热带是全球水热变化之引擎，那么南北极可能是全球变化的杠杆。其理由有二：①全球冰期－间冰期旋回的主导因素可能是北极圈（65° N）附近夏季太阳辐射变化（米兰科维奇假说，Milankovitch，1941），即北极敏感区驱动了全球冰期－间冰期旋回；②古气候突变事件可能也主要与北极圈关联，目前学术界认知的一些古气候突变事件大多数源于北极圈（北大西洋地区），例如：Heinrich 事件、新仙女木事件以及 Bond 全新世 9 次冷事件（Bond et al.，1997）。因此，从上面两个方面看，称之为"全球气候变化的杠杆"似乎并不为过。

北极的重要性不言而喻，但研究北极需要强有力的支持。2001 年，北极科考队队长高登义、刘嘉麒等一起积极推动我国北极考察，建立了首个北极考察基地——朗伊尔宾 (Longyearbyen)。朗伊尔宾位于斯瓦尔巴德（Svalbard）群岛西部，与格陵兰隔海相望，距离北极点仅 1200 千米，是最接近北极的可居住地区之一。刘老师称为北极冰雪世界中的宝地，由于北大西洋暖流经过此岛，斯瓦尔巴德的气候与同纬度的格陵兰有很大不同。格陵兰是冰天雪地，而这里却要温暖得多，润育了丰富的植被（地衣、苔藓、多年生草本植物）、动物（鸥鸟、北极熊、驯鹿、北极狐等）。

2001年7月26日科考队到达朗伊尔宾，将一号冰川下的两层小木屋做为科学考查队的基地。建站仪式在29日举行，刘老师宣布升旗仪式正式开始，33名队员同时放声高歌，在雄壮的《义勇军进行曲》声中五星红旗冉冉升起，标志着中国人独立创建的第一个北极科考探险基地诞生。升旗之后，刘老师激动地说："从此，北极科考人员终于在这远离祖国的土地上有了一个温暖的家"。

科考队分为不同的学科小组，大气、植物，冰川湖泊组。冰川湖泊组是人员最少的，只有刘老师和我两人。我们选择的冰川湖为Bolterskardet湖，每天

2001年刘嘉麒院士在北极斯瓦尔巴德群岛进行野外考察

（上左：行进在冰川河流谷地；上右：攀爬山坡；下左：越过一条冰川河流；下右：在Bolterskardet冰川湖进行钻探植被工作）

来回步行约 20~30 余千米。刘老师手拿地形图走在前面，观察地貌，选择合适的路线。我们沿着冰川谷地而行，谷地内冰川融化的水流形成河流，我们不得不经常穿过河流。河流虽然不深，但冰川融化之水却是相当寒冷。刘老师时年59 岁，毫不犹豫地卷起裤腿，趟过河流。在冰川河流的谷地中，为了少走弯路，我们不得不多次穿越河流。大约在谷地行进了 10 公里，我们开始攀爬陡峭的山坡，山坡上布满了冰碛物和山体崩落的岩石，攀爬十分艰难，不得不手足并用，既要提防上面滚落的岩石，又得注意脚下的石头是否滑动。翻过陡峭的山坡，冰川湖展现在眼前。Bolterskardet 冰川湖面积较小，约 0.2 平方公里，海拔 385米，水深 6 米，每年未封冻的时间大约在 1 个月左右。经过 3~4 个小时的跋涉，我已是筋疲力尽，忙着补充水分和能量。他却顾不得休息，沿着冰川湖观察。我不得不敬佩的是刘院士和老一代地质工作者一样，是"骆驼型的"，野外工作很少看到他们喝水。长途跋涉，要尽可能地减少携带的物品，水是其中之一。

冰川湖的研究持续了二个星期，每天我们俩早出晚归，好在是北极的夏季，在北极圈内太阳终日不落（极昼），不用担心夜晚看不见路。路途中常常可以看见驯鹿（学名：*Rangifer tarandus platyrhynchus*），体形高大，主要以苔藓、地衣为食。看见我们，驯鹿常常停下来，好奇地看着我们。每天我们不亦乐乎地工作，似乎并不是很累。

二、玛珥湖研究

玛珥湖为火山射汽喷发而形成的封闭湖泊。玛珥湖的英文为"Maar"，地质字典中译为"低平火山口"，刘老师在 1996 年将之改译为"玛珥湖"，将之定义为富含气体的岩浆在上升过程中随着压力减小释放出气体，炽热的岩浆与地下水混合产生大量蒸汽，在巨大的压力作用下，发生爆炸式火山喷发，经过多次爆炸式喷发后，形成深坑，随后积水成湖。由于玛珥湖形成机制的特殊性，使玛珥湖在古气候、古环境变化研究中具有如下突出的特点：①玛珥湖为封闭湖泊，无河流流进 / 出，水位平衡主要由降水和蒸发因子控制，相对而言，玛珥湖水文、沉积系统比较简单，易于解译古气候、古环境变化；②射汽喷发一般位于地下数百米，形成的玛珥湖深度大，沉积物厚，能够提供数万年乃至百万年连续稳定的沉积记录；③玛珥湖的"深水、厌氧"环境，使沉积物很少受波浪和底栖生物的扰动，有利于年纹层的形成和保存，年纹层的存在能够将古气候、古环境变化研究的分辨率提高到季节—年的尺度；④在古气候变化替代指标方面，具有丰富的多样性，例如反映水生生境的硅藻、金藻、藻类、摇蚊、介形等，指示陆地植被的孢粉、植硅体，以及各种物理化学指标，使我们能够从不同的角度认识古气候、古环境变化、检验重建数据的可靠性。

刘老师开拓了中国玛珥湖研究的新领域，在雷琼、东北、内蒙古、青藏高原等地发现诸多玛珥湖。刘老师自上个世纪八十年代以来，对中国新生代火山进行过详细研究，几乎考察过中国所有的新生代火山（黑龙江、吉林、辽宁、内蒙古、山东、海南、广东、云南、新疆、西藏等），查明了中国玛珥湖的分布，为相关领域的研究指明了方向。

在高分辨率古气候变化研究中，研究材料的可靠性是第一位的，为获得无扰动的钻探岩芯，刘老师引进德国先进的钻探技术，先后对中国南方的湖光岩，北方四海龙湾玛珥湖进行了科学钻探，为相关研究打下了基础。通过对岩芯的物理、化学指标的分析，刘老师发现中国南方全新世气候古气候变化与极地冰芯记录的平缓变化明显不同，存在明显的千年振荡。能谱分析和滤波分析表明：气候变化存在明显的1140、490、220年的主周期。

在地学领域中，化石是地质历史的见证者，在漫长的地质年代里，地球上曾经生活过无数的生物，这些动物死亡之后多数被分解殆尽。刘老师认为玛珥湖独特的沉积环境使之成为化石宝库。例如，辽西四合屯以大量的早期鸟类及"长毛"的小型兽脚类恐龙化石而闻名于世，这些保存完好的化石赋存于深湖相沉积中。这些湖泊很可能是玛珥湖，我国辽西四合屯可能在晚侏罗世或早白垩纪就有玛珥湖，正是玛珥湖的深水、厌氧环境使这些精美的化石完好地保存下来。与之相似，齐鲁火山群中部，山东临朐、山旺、昌乐一带，该区中新世和上中新世火山活动频繁、多为基性火山喷发，其中一些火山口可能为玛珥湖。沉积物中富有保存精美的古生物化石，以"化石宝库"享誉中外。目前发现的化石高达十几个门类700余属种，特别是蛇类、鸟类、鳄类、东方祖熊等保存完整的化石在世界上是不多见的。山东山旺地区的古玛珥湖与德国 Eifel 地区 Eckfelder 玛珥湖形成时间大致相近，Eckfelder 玛珥湖形成于始新世，也以其丰富的化石闻名。

　　二十多年来，中国玛珥湖古气候变化研究取得了丰硕的成果，但正如刘老师所言"大学之道，方兴未艾"。随着研究的深入，玛珥湖必将为古全球变化研究作出应有的贡献。

刘嘉麒院士在湖光岩玛珥湖

（左：湖光岩玛珥湖航拍图；右：刘嘉麒院士和 Negendank 教授接受记者采访）

三、结语

　　时光荏苒，岁月如梭。"曾记少年骑竹马，转眼已是白头翁"。踏遍青山人未老，不老的是追求、探索之心。

我与刘老师的五个"第一次"

刘　强（中国科学院地质与地球物理研究所）

2021 年适逢刘嘉麒院士从事地质工作六十周年。作为他的学生、一个小 30 岁的晚辈，回想起与恩师相识、相知、学习、共事的二十多年，无限感激萦绕在心。二十多年的相处，留下的美好记忆太多，限于篇幅，我且挑选五个与导师有关的经历简略地回顾过去刻骨铭心的日子。

一、与刘嘉麒老师的第一次相识

我是 1997 年考上刘老师的博士研究生的，从 9 月份开始建立了正式的师生关系。但我第一次认识刘老师却在这之前的两三年。1994 年 9 月我考入中国科学院地质研究所攻读同位素地质专业的硕士学位，第一年的基础课和专业课是在玉泉路的中国科学院研究生院学习的。当时我选修了"第四纪地质与环境"这门课，刘老师正是授课老师之一。第一次见到刘老师，感觉老师很亲切、随和、阳光，对我们总是笑眯眯的。这门课除了在教室学习，刘老师还带着我们去周口店北京猿人遗址进行现场教学。印象中那天好像是个春和日丽的日子，繁花似锦、绿树成荫，刘老师还带了相机主动给我们拍照。当时心想，这个老师可真好，既有学问又体贴学生！可惜的是，我怎么也找不到当时的照片了。

我的硕士论文是做稀有气体稳定同位素研究的，选修这门课纯属无心插柳。但没想到两三年之后硕士毕业了，我的硕士导师临近退休不能再带我攻读博士学位，他就把我介绍给刘嘉麒老师。那个时候刘老师已经是地质研究所的所长了，事务繁忙，但是因为我们之前有过上课的经历，他很爽快地答应我可以报考他的博士生，自己也还算争气，顺利考上了。

二、第一次坐飞机出国考察

1999年3月，应比利时布鲁塞尔自由大学Paul Pasteels教授的邀请，刘老师、张雯华老师带着我去比利时布鲁塞尔自由大学和鲁汶大学进行学术交流，并且顺访了法国克莱蒙费朗第二大学。这是我第一次坐飞机、第一次出国。因为都是第一次，很多事情都不懂，所以就跟着刘老师一路学习，包括办理登机手续、转机、适应国外的饮食和礼仪等。

第一次出国，还真是长了不少见识。九十年代末期，中国的经济还不像现在这样强大，第一次出国看到了中国与发达国家的差距还比较大，这种差距不仅仅体现在城市的外表上，更多的是体现在城市地下或者细节方面。记得当时我们还用的是幻灯片或者胶片进行学术报告，而外方专家用的却是炫目的Powerpoint这种先进的报告软件。在顺访法国克莱蒙费朗第二大学时，还有机会野外考察了法国中央高地的火山区。这些经历，对于我开阔眼界、熟悉与国外友人打交道都很有帮助。

1999年3月，作者（左）与刘嘉麒老师（中）和在比利时鲁汶大学做访问学者的学长郭正府研究员（右）合影

三、第一次长途开车进行科学考察

2000 年博士毕业后，我有机会参与执行西北地区的科考任务沿着河西走廊前往南疆出差。因为去的人多，也为了科考采样方便，我们驾驶一辆金杯面包车作为科考用车，一行人从北京自驾车往返。我们到了天水之后，刘老师赶来与我们汇合，然后前往甘肃省礼县和宕昌县考察火山岩。这个地区曾经是三国时期诸葛亮"六出祁山"的地方，可以想象道路之艰难。没想到两千多年过去了，我们去的时候道路条件还是很差。因为人生地不熟，只能看着地图强行开车从礼县到宕昌，一路上山高路窄，有时候甚至没有路，只能在河滩碎石上颠簸前行。地图上看着两个县城之间相距并不远，原来预计几个小时就能到，结果我们硬是开了一天一夜才走出大山。一路上有很多次车陷在泥泞里或者河水中动弹不得，我们只能下车站在泥巴里或者河水中使劲推车。刘老师当时也是快 60 岁的人了，虽然我们都劝他坐在车里别下来，但是他看见我们推起来很费劲，也挽着裤腿加入我们一起推车。终于，历尽千辛万苦，我们终于驶上了大路。

2000 年夏天在塔里木沙漠公路起点合影
刘嘉麒老师（前排左 2）、吴乃琴（前排左 1）、李曰俊（前排右 3）、刘强（前排右 2）、储国强（后排右 1）、
曹瑜（后排左 2）、陈锐（后排左 1）

这个经历其实很好地锻炼了自己，以后我出野外碰到任何困难，都能够做到处变不惊，有问题解决掉就行了。

从甘肃到新疆，我们还经历了修路改道，黑夜里车在戈壁荒漠中摇摇晃晃、不知道何时是尽头的煎熬。不过，这一路的见识也很多，我们一路走、一路看，收获也不少。在塔里木油田我第一次参观了油井开采现场，看到了车轮比人还高的沙漠车；横穿塔克拉玛干沙漠的沙漠公路更是让人惊叹不已；从南疆返回乌鲁木齐的路上经历的大风也是让人终身难忘。第一次和刘老师长时间在野外、在路上，每到一地听他给我们讲地质现象和风土人情，的确是收获颇丰。

四、第一次去德国做访问学者

1996年，刘嘉麒老师与德国波茨坦地球科学研究中心的 J.F.W. Negendank 教授建立起合作关系，在中国开创了玛珥湖古气候记录研究的先河。1997年3月在广东湛江湖光岩玛珥湖进行了湖泊沉积物钻探工作，拉开了中－德合作玛珥湖古气候研究的大幕。我虽然对玛珥湖古气候记录研究很感兴趣，但是因为博士论文方向是做黄土中的温室气体研究，因此只能是将部分精力投入到中－德合作项目上。1998年、1999年和2001年中－德合作又在吉林省靖宇县和辉南县境内的龙岗火山区开展了玛珥湖调查和沉积物岩芯的钻探工作，几次野外考察和钻探工作我都有参与。特别是博士毕业之后，2001年夏天在四海龙湾玛珥湖进行了长岩芯序列的钻探，刘老师给了我难得的机会走出国门去位于波茨坦的德国地球科学研究中心（GFZ）进行访问和学习。2002年6月~2003年6月，我在德国地球科学研究中心工作生活了整一年。可以这么说，这一年时间对于我来说是人生难以忘怀的经历和回忆，对于自己后面从事湖泊古气候记录研究有很大的帮助。

通过与德国的合作，刘老师的科研团队在国内率先开展了玛珥湖古气候记录研究。刘老师利用自己的影响力扩展国际合作空间，对年轻人进行培养和帮助，至少有十余人次先后在德国地球科学研究中心进行过或长或短的访问、学习、工作。这些措施不仅对于我们尽快学习国外的先进技术和经验有促进作用，

2001 年夏天中 – 德合作在吉林省靖宇县四海龙湾玛珥湖进行沉积物岩芯钻探工作

而且对于我们开拓视野、提升自身的素养和能力也大有裨益。通过十多年的努力，我们在国际玛珥火山和玛珥湖研究方面也取得了一些成果，获得了国际认可，争取到了国际玛珥会议的举办权。2016 年 8 月，刘老师担任会议主席的第六届国际玛珥会议首次在亚洲举办，也算是对他 20 年前开始在中国引入玛珥（maar）概念、从事玛珥湖研究的一个肯定。

五、第一次参与组织国际学术研讨会

2002 年 2 月 25 日 ~28 日，刘老师和日本人 Yoshinori Yasuda（安田喜宪）担任会议主席的第四届亚洲湖泊钻探（ALDP）国际学术研讨会在云南昆明举行，这是 ALDP 组织第一次在中国举办国际研讨会，来自德国、荷兰、波兰、瑞典、英国、俄罗斯、新西兰、美国和日本的 21 位外国学者和 25 名中国学者出席了本次会议。这是我第一次参与协助刘老师举办的小型国际研讨会。虽然自己没有什么经验，但是有刘老师指导，发邀请信、确定会议地点、会务接待、会后地质考察等流程走下来，对于举办国际会议的流程也有了不少收获。刘老师经常给我们讲 1991 年协助刘东生先生举办第 13 届国际第四纪研究联合会大会的故事，后来我才理解到当年举办一个国际性大型会议的不易：那个年代没有互联网，甚至连电脑都是奢侈品，要与上千人的国外代表进行联系、发通知、发邀请函、进行注册，的确是工作量非常大的工作，而刘老师作为大会的副秘书长，为大会圆满成功举办付出了大量心血。这个会议也是改革开放之后，中国举行的规模最大的地学国际会议。正是通过这些工作和经历，让刘老师获得了丰富的国际合作与交流的经验。他又通过举办第二届亚洲湖泊钻探学术研讨会，让我们这些学生得到锻炼，获得了举办国际会议的经验。

跟随刘老师二十多年，聆听了无数次教诲、感受到无数次的帮助，这些言传身教无不潜移默化地影响着自己。即使这样，刘老师身上还有很多的优点是我无法比拟的，比如尊重师长、平易待人，又如热心科普、笔耕不辍等。从学术上、成就上，我可能永远也达不到刘老师的高度，但是高山仰止，景行行止，虽不能至，然心向往之！

2002 年 2 月 27 日参加第四届亚洲湖泊钻探国际学术研讨会的部分中外代表考察云南石林
（前排左 4 刘嘉麒老师、左 1 是 ALDP 主席 Yoshinori Yasuda）

做刘老师博士生的那些年

贺怀宇（中国科学院地质与地球物理研究所）

1998 年，我在中国地质大学（北京）硕士要毕业了，听同学们说中科院地质所刘嘉麒老师人好学问也好，就打算投奔到他的门下。对于第四纪地质与古气候，我几乎一无所知，就找学长邓成龙和旺罗借来他们整理的第四纪地质考研笔记，努力复习一段时间，通过了地质所的博士生入学考试。

复试时第一次见刘老师，他衬衣长裤，气质斐然，对学生非常客气。博士入学后研究方向是火山学，先跟着研究组里郭正府和刘强二位学长整理中国火山的资料，放眼望去都是看不太懂的文献，好在有他们的耐心指导，我也渐渐进入了角色。刘老师那时担任地质所所长，每天都很忙，偶尔看到他有空，就去问问文献中不懂的地方，刘老师总是耐心解答。当时觉得老师就是应该这样，后来自己做了老师才知道耐心有多么难。

刘老师的一大特点是善于发现学生的长处并有针对性地培养，这也是他桃李满天下的重要原因。刘老师非常重视野外工作，所以组里有很多的野外考察机会。读博士期间我的野外工作区域从东北林海到西北大漠，从青藏高原到朝鲜半岛，迷茫的我终于发觉只有与山石为伍才是自己人生真正的归属，于是放弃了拿到博士文凭找个公司挣钱的计划。在参加几次玛珥湖野外考察之后，我又想改学硅藻和古气候，刘老师帮我联系了硅藻专家李家英老师。然而因为缺少相关的基础，很难理解文献，研究进展缓慢，我对未来很茫然。刘老师发现我喜欢捣鼓，动手能力还行，就建议我掌握一门实验技术，还要求做到最好。后来才明白，这是我人生的一个重要转折点。随后刘老师找到国际合作的机会，把我派到比利时布鲁塞尔自由大学的氩–氩实验室学习，并且再三叮嘱，一定要学会那个实验室所有的技术，特别是书本上看不到的关于实验室建设、管理、运行的一些特殊技巧。这次学习也开启了我的科研之路。刘老师非常注重通过国际合作培养学生，努力给每个学生提供出国交流的机会，在当时的条件下学生出国做研究的机会是不多的。

2001 年，在完成藏东新生代富钾碱性岩氩 – 氩定年的博士论文后，我毕业了。因为朱日祥老师当时负责筹建所里的新氩 – 氩实验室，刘老师又联系了朱老师，推荐我跟朱老师做博士后研究，共同建设新氩 – 氩实验室。

转眼间，忙忙碌碌的二十年过去了。同在一个研究所，时时能见到刘老师，所以不觉得刘老师有什么变化。如今，刘老师的学生们遍布各行各业，有的已是各自学术领域的领军人物，有的担任单位领导，有的在教书育人，这都得益于刘老师因材施教，精心培养。能够做刘老师的学生是我的幸运。

以天地为己任　把山川作课堂

2021年适逢刘老师从事地质工作六十周年。作为刘老师的一名学生，在此回顾刘老师科研、生活的点滴。

一、刘老师是一位博爱仁德的长者

刘老师热爱祖国。"我出生在贫苦的家庭，这一生是依靠国家和社会给予的，现在自己有点用了，就得要回报给社会，这是最基本的做人准则。"刘老师对祖国爱的深沉，用一生的科研成果、教书育人报答祖国的养育和教导。他似乎是一个不知疲倦的人，在科学探索的道路上从不停歇、止步，年近耄耋仍日夜劳顿，亲友劝其休息，他则用这样的"生命哲学"感谢大家的关心："我追求生活的质量，而不是生命的时间。年龄再长，要是没有什么作为，恐怕也没有太大意义，甚至还可能会成为一种负担"。生命有尽头事业无止境，刘老师希望"尽可能再做些有用的事情"，为祖国的发展贡献更多的智慧。

刘老师关注社会。近年来，刘老师每年几乎都有一半的时间在全国各地考察交流，为地方经济社会发展因地制宜建言献策，以实际行动支持经济社会建设。在海南出席玄武岩材料海洋工程应用院士论坛，深入浅出地介绍了我国玄武岩材料产业的发展态势与应用，为玄武岩纤维材料等高性能纤维增强复合材料在海洋工程和海洋牧场上的研发指明了方向。在浙江一针见血的指出浙江要充分发挥自身优势，向海洋谋发展，向山区要资源，在清洁、可再生能源上大展宏图。在河南濮阳红旗渠干部学院，以《自然灾害与人类生存》为题系统介绍了近年来世界各地发生自然灾害的态势、中国自然灾害频发的原因等，提升了在座 900 余名人员对自然灾害认知水平和抗灾能力，被濮阳市委市政府聘为科技顾问。2004 年参加母校"建设与发展"论坛时劝解广大年轻学子要明确学习方向、注重实践、脚踏实地、锲而不舍；要做好学问，首先要做好人；深情地希望研究生院加强研究生的素质教育，核心是品德和理想教育。

刘老师关爱学生。刘老师一生培养了近百名硕士研究生、博士研究生、博士后，他们在各自工作岗位上发光发热。对于这些弟子门生，刘老师寄予厚望：一是要坚定理想信念。树立正确的世界观、人生观、价值观，把回报社会、为人类谋福祉做为毕生的奋斗目标。二是要苦炼内功。勤于学习，善于思辨，勇于实践，不断提升干事创业能力。三是要做一个高尚的人。爱国为民，求真务实，严于律己，宽以待人。一直来，刘老师仍坚持亲自授课。在中国科学院大学主讲的"第四纪地质与环境"等地质基础课程深受在校大学生们喜爱。课堂上刘老师妙语连珠，通过大量珍贵图片、事例等第一手资料深入浅出的传授理论知识；课下刘老师亲切耐心，不厌其烦的为大家答疑解惑。刘老师期望每一位学生都能成为国之栋梁，鼓励大家勇攀科研高峰。

二、刘老师是一位智慧儒雅的君子

刘老师严以修身。1978 年暂停了十多年的国家研究生招生重新开始，已成为一名丈夫、父亲、业务骨干的刘老师选择重新拿起书本参加研究生考试。许多人不明白为什么要在这个时候选择继续学习，刘老师说："十年来我没有很好地从事科学研究，也没有学习过，尽管当时的工作环境很好，也很受重视，但仍有一种'山中无老虎，猴子被称为霸主'的感觉，我知道许多事情都落后了。"刘老师想去更广阔的地方看世界，想到最前沿、最有影响力的地方去奋斗，经过激烈的竞争，刘老师先后成为中国著名地质学家侯德封先生和刘东生先生的得意门生，自此开启了他极不平凡的科研之路。

刘老师崇尚创新。求学时刘老师就极富开拓创新精神，研究生学习阶段就选择了一个极具冒险性的课题，用同位素年代学和地球化学方法研究了长白山乃至整个东北地区的新生代火山活动，在当时的中国尚无先例，经过多年的努力毕业时给出了一个满意的答案，在硕士和博士论文中获得的数据和结论已成为同行进行相关研究的基本材料，至今仍被引用。他对科学研究的创新工作有独到的见解："做一些有风险的新事情，你所做的就是创新。如果你做不到，不要崩溃，你可以把失败变成成功之母"。2019 年在成都理工大学生态环境学院交流时他曾这样激励与会科研工作者："墨守成规没出息，创新正当时！中国有丰富多彩、复杂多变的地质遗迹和自然环境，又有难以比拟的人类历史和人类活动，这些都是创新第四纪科学、地球科学的重要源泉，现在应该，也有条件，有能力为地球科学做出创新型的贡献，而不能仅陶醉于发表几篇文章，得什么奖。"

刘老师科研成果丰硕。刘老师参加工作以来专注于科学研究，在火山、第四纪科研、南北极科考等方面取得卓越成就，2003 年当选为中国科学院院士。先后任职助研、副研究员、研究员、研究室主任和所长等，是多所国内外知名大学的教授（客座教授），更在国际地科联第四纪地层专业委员会、国际第四纪研究联合会地层与年代学专业委员会等国际科研机构任要职。出版《中国火山》、《中国第四纪地质与环境》等论著，荣获得部级以上奖励 6 次，国家自然科学奖二等奖，中国科学院自然科学奖和科技进步奖一等奖各 1 项，国家海洋局科技进步奖特等奖等。

三、刘老师是一位有担当作为的强者

刘老师百折不挠。小时候的刘老师幸得学校和当地政府照顾，才能继续读书；高中毕业时虽成绩优秀，但由于经济困难只得选择不花钱或能花更少钱的学校考试。1960 年刘老师申请长春地质学院地球化学专业，主要是因为当时地质院校实行学费、伙食费、书费等"五包"政策，基本上不花钱。入大学后，正赶上困难时期，常常靠一点玉米面糊充饥；第二次研究生学习时比班上最年轻的学生大十岁，尽管是一名"老学生"，但刘老师依旧保持着勇于战斗的心态，凭借过人的勇气、洞察力和多年的工作积累，毕业时刘老师交出了一张满意的答卷。1986 年因"中国东北新生代火山岩年代学杰出成就"获得中国矿物岩石地球化学学会颁发的第一个侯德封（地球化学）奖；1990 年，被国家教育委员会和国务院学位委员会授予"有突出贡献的中国博士学位获得者"称号。

　　刘老师吃苦耐劳。对于地质人来说，"苦"是一种常态。去南极 18 天的航程，刘老师因晕船几乎从头吐到尾，但船一靠岸便投入工作；跑野外，几乎天天吃方便面、午餐肉、榨菜"野外三宝"，高原上水烧不开，面也煮不熟；工作主要靠走路，背着沉重的标本一天跑百八十里路是家常便饭。刘老师从不感觉艰辛，反而乐在其中，他说：当时的信念是干一行，爱一行，钻一行，钻进去了，苦在其外，乐在其中。如果做的事情作为一种事业去追求，再苦再累也心甘情愿。

　　刘老师不畏危险。地质工作除了苦，也常与危险相伴。在可可西里无人区寻找迷路的后勤车；克里雅河河谷摔倒在冰冷的洪水中，幸被同事抓住；在喷发的火山现场亲自测过岩浆的温度，采集刚喷出来的火山物质，观察火山喷发动态；在印尼喀拉喀托火山遭遇地震；等等。十进长白山，七上青藏高原，三入北极，两征南极，几乎走遍了七大洲、四大洋"没人去的地方，很少有人去的地方"。正是多年不畏艰险、扎扎实实的野外工作，掌握了真实、丰富的第一手数据，支撑着刘老师在火山、第四纪、极地等多方面取得重大突破。

四、刘老师是一位火山学家

　　刘老师是祖国科技事业的卓越贡献者。专注于火山的研究，完成了大量的系统性、原创性工作，推动中国新生代火山活动规律的研究达到国际水平；主持建成新疆地理所第一个 ^{14}C 实验室，尝试湖泊沉积物中 U-Th 法定年，其成就当年被国际古全球变化科学指导委员会视为古气候研究的闪光点；研究火山岩油气藏的聚集机理和分布规律，开创油气藏勘探的新领域；点石成金，极力推进玄武岩纤维事业的发展，先后赴海南、云南等地为玄武岩纤维的发掘、利用站台鼓劲；勇闯极地，助力祖国成为国际极地事务的重要成员。

　　刘老师是科普事业的强力推动者。自 2007 年担任中国科普作家协会理事长以来，刘老师尽心尽力推动祖国科普事业的发展。他身体力行，每周都抽出大半天时间开展科普工作，一年做科普报告 30 来次，但仍觉不够；亲自到偏僻地方科普，报告只要半天，但来回时间耗费很长，但刘老师认为非常值得；参与编制"中国当代科普精品书系"，共 15 套，120 多册，从少儿到成年人的作品都有，深受广大读者喜爱。面临科普队伍人才短缺的难题时，鼓励号召全体科研工作者参与其中，强调科普是科学家的天职，科学工作者也好，科学家也好，从事科普工作是其义不容辞的责任，科学普及所放弃的空间，很快就会被伪科学占领。鉴于刘老师在科普事业上的卓越成就，2016 年被国家科技部、中宣部、中国科协联合授予"中国科普工作先进工作者"的光荣称号。

刘老师是教育事业的无私奉献者。不仅带领团队开展科研工作、发表科研论文、推出科研成果，而且心系学生们的成长，传道授业数十载，从不敢有一丝懈怠。受聘于中国科学院研究生院、吉林大学等多所大学，在三尺讲台上挥洒汗水传播知识；悉心培养硕士、博士研究生；走进中小学课堂，为孩子们讲述火山之雄伟、极地之美丽，激发其学科研搞科研的兴趣；到多所大学参观交流，为在校大学生做前沿报告，激励大家在科研道路上走得更远更好。

27 年求学，数十年科研育人，刘老师将青春年华全都奉献给祖国的科研、科普、教育教学事业，他的付出和成就也将激励无数科研儿女勇攀高峰，创造新的辉煌。

人生的导航者　事业的领路人

徐柯健（中国地质大学（北京））

刘老师是我的博士生导师。

第一次见到刘老师是在 2002 年金秋的阿尔山。那时，我刚刚从成都理工大学硕士毕业，到中国地质大学（北京）任教。对面办公室的田明中教授正在开展内蒙古阿尔山国家地质公园的申报工作，鉴于我以前读研究生时参与过几个国家地质公园申报项目，田教授便邀请我一同考察阿尔山。天赐良机，我喜出望外，欣然前往。阿尔山以火山和温泉而著称，所以此次考察之行，田教授还特意邀请了国内著名的水文专家沈照理教授，以及蜚声中外的火山专家刘嘉麒教授一同前往。出发那天，在首都机场我见到了德高望重的沈教授，但是没有见到刘教授，听说他过几天才能来。在此后的几天里，不时有人提起那位火山专家，我迫不及待地想一睹这位大咖的真容。

在我的殷殷期盼中，刘老师终于来了。一天傍晚，我们结束了野外考察工作，回到宾馆的餐厅准备吃晚餐，只见一个文雅、朴实的长者正在等着大家。还没等我回过神来，就听见田教授说："这就是大名鼎鼎的火山地质学家刘嘉麒教授"。"不会吧？这么年轻？而且一点架子也没有。"那时的我少不更事，想当然地认为专家一定是一位白发苍苍的老者。因为刘老师的风趣、睿智、博学，那天的晚餐氛围格外祥和、轻松，令我终生难忘。

接下来的几天，刘院士就背着他那从不离身的野外背包、跨着他那专业沉重的单反相机，带着我们翻越了一座又一座火山锥。他用地质锤敲敲岩石，拿起放大镜仔细观察，又端起相机拍几张照片，还不时地给大家讲讲专业知识，忙得不亦乐乎。

2004 年 3 月，在地质大学人事处的批准下，我报考了刘院士的博士，并且在 9 月顺利地进入刘院士的团队。

入学之后，刘老师考虑到我的专业背景（本科是地质学专业，硕士是旅游地学研究方向），极力建议我继续从事地质学领域的应用研究，即旅游地学，并希望我在这个方向上能做出点成绩。刘老师不单在火山地质学和第四纪地质环境学等领域进行过深入的理论研究，他在应用研究领域上也颇具造诣。他曾担任过中国科普作家协会理事长，时至今日，仍担任着世界自然遗产中国专家委员会主任、中国地质学会旅游地学与地质公园研究会副主任等职务。从 2005年开始，刘老师不断地给我提供各种机会，让我参与或主持旅游地学相关的项目。他曾经不止一次地跟我说，年轻人一定要勇敢地从幕后走到台前，让别人认识你，了解你，相信你，下次就会主动把机会给到你。这些年来，跟着刘老师，或者在刘老师的极力推荐下，我的足迹遍布了祖国的大江南北和世界的角角落落。从广东湛江的湖光岩、广西北海的涠洲岛，到青藏高原东南缘的大香格里拉地区，到四川凉山的螺髻山，湖北阳新的溶洞，黑龙江五大连池，福建漳州，山西宁武的冰洞，再到东非大裂谷，等等，无一不是刘老师带着我"行万里路，观无限风景"。还记得他经常说起的一句话："科研路上不只有困难，更有风景"。

曾记得刘老师去东非大裂谷考察时，同行的中央电视台记者问他，"您这一辈子都去过哪些地方？"他很风趣地回答："这个问题你应该倒过来问，哪些地方你没有去过？"诚然，刘老师曾三入北极、两征南极，踏遍七大洲、四大洋，48 个国家和地区，科考行程可以绕地球好几圈。他常说，地质工作离开了野外调查就成了无源之水、无本之木。地质工作以天地为己任，以山川做课堂，探索地球奥秘，为人类谋福利，是无比崇高、无比伟大的事业。他经常提起他的导师刘东生院士孜孜不倦研究黄土 50 年的事情。虽然刘东生院士在国际上获得了"泰勒环境成就奖"和中国"国家最高科学技术奖"，但他仍坚持在科研第一线继续研究黄土。刘老师以他的导师为榜样，年近八旬的他，踏遍青山人未老，经常还去野外考察，马不停蹄，乐此不疲。他这一辈子做了好多好多的事情，几乎没闲过。衷心希望他引领我们在科研道路上一路前行。

刘老师教我研究火山岩油气藏

孟凡超（中国石油大学（华东））

转眼间，博士毕业已近十年，算上攻读博士五年，在刘老师指导下学习和工作已经十五年了。从本科到博士，从当学生到成为一名教师，我人生中最重要的十五年都是在刘老师指导下前行的，能有刘老师这样的大科学家作为人生导师，想来是一种福气。

刘老师的平易近人让我走进中国科学院求学。第一次跟刘老师交谈是2005年春天，在长春的国土宾馆，那时我刚刚获得了吉林大学保送到中国科学院地质与地球物理所读研究生的资格。当时恰逢刘老师来长春参加一个长白山火山研讨会。第一次近距离接触这样的大科学家，我至今仍清晰地记得见刘老师之前的紧张与焦虑。想了很多自己应该说什么，刘老师可能会问什么。不过，这些紧张都被刘老师的平易近人吹散了。记得刚敲开刘老师的房门，还没等我自我介绍，他就说"凡超吧，快过来坐"，脸上和蔼可亲的笑容、朴素的穿着顿时消除了紧张的气氛。那次见面，本以为刘老师会问我专业知识，看看我是不是适合做他的研究生，可能刘老师看出了我的紧张，主要问了我家庭情况和人生规划，他问我是哪里人，家里都有谁，有没有感兴趣的科学问题，以后工作有什么打算。直至现在我当了一名教师，才明白刘老师第一次见面聊那些内容的良苦用心，指导学生首先得先了解学生想法。

刘老师的开明让我接触火山岩油气藏。2005年，研究组隋建立博士受刘老师委托需要到大庆油田指导火山岩油气勘探工作，刘老师让我一同过去学习。我便有机会还没有上课就接触了实际科研工作，这可能也注定了我终将开展火山岩油气藏研究。后来想想，这也是刘老师一直注重理论实践结合，学以致用教育思想的体现。刘老师是中科院地质所较早提倡并亲自组织实施企事业单位人才继续进修博士的领导之一，那个时期大批油田领导和一线人员通过深造，获得博士学位，对指导油田生产起到了非常重要的作用。刘老师不但指导了很多油田一线的人员攻读博士，也希望我今后的学习能对油田生产实践有所帮助。

刘老师的远见让我走进火山岩油气藏研究。经过一年的学习和一年的实践，我逐渐了解了火山岩油气藏相关进展，但是由于刘老师课题组主要做理论研究，导致我对油田火山岩勘探了解甚少，又无法获得油田样品，一时无法接触真正困扰勘探的科学问题。刘老师敏锐注意到了这一点，他又联系了中国石油勘探开发研究院的李明教授，让我到勘探院跟李教授课题组一起学习，这让我更多接触了火山岩油气藏勘探的实践工作，2007年我便在刘老师和李教授的双重指导下开展工作，这对我后期的研究具有非常重要的意义。2008年，因为大庆油田在火山岩中发现了万亿方的庆深气田，彻底把火山岩油气勘探推向高潮，这时候刘老师意识到急需加强理论与实践的结合，为寻找更多更大的火山岩油气田做出贡献。受大庆油田、吉林油田等邀请，刘老师多次到油田一线做火山学理论讲座，为油田火山岩油气勘探出谋划策，每次刘老师都带我出行，跟刘老师一起出去，才能真正体会到一个知名科学家的谦逊与执着。在刘老师的推动下，中国科学院地质与地球物理所联合大庆油田、吉林油田、吉林大学、中国石油勘探开发研究院等单位联合申请国家"973"项目，当时所有单位负责人都推荐刘老师作为项目长，但刘老师都拒绝了，清晰记得刘老师说："第一，我建议这个项目一定要企业负责；第二，建议让年轻一点同志负责"。后来这个项目也就成了国家"973"项目唯一以企业牵头的项目。年轻同志作为主要负责人，也为培养一支年富力强的火山岩油气藏研究团队奠定了基础。之后一直到毕业，我都跟着刘老师一起做"中国东部太平洋构造域火山岩油气藏形成的地质背景"研究工作。刘老师对这个项目投入很大，作为其中一个课题的负责人，每次都是刘老师亲自做多媒体，亲自汇报，这不仅让我们的课题保质保量，还给其他课题带了好头。

刘老师的抬爱让我坚持火山岩油气藏研究道路。刘老师对学生的关爱是出了名的。作为他的学生都感觉非常幸福。记得2009年，新疆油田组织召开"全国首届火山岩油气藏开发会议"，邀请刘老师做特邀报告，刘老师便让我一同

2011 年 8 月刘老师在火成岩油气勘探开发研讨会做学术报告

前往，他说对西部多了解下，有助于和东部进行对比。刘老师的报告深入浅出，不仅有火山学的理论知识还有西部油田地质的详细介绍，我当时非常诧异，刘老师怎么对西部了解那么多，后来才知道刘老师之前在新疆工作过 3 年，对新疆的地质情况非常了解，后来每年他都要到新疆去考察，从事研究工作。

2010 年我博士毕业，来到石油大学工作以后，见刘老师的次数少了，但每年春节，只要没有课程安排，我都要去北京拜访。最近 10 年，刘老师除了做研究以外，还从事科普工作，所以工作更繁忙了，但还是那么精神，身体十分健康，脸上总是带着笑容。每次见面，刘老师都问我工作怎么样，家人怎么样，让我十分感动。刘老师总是提醒我做火山岩油气藏研究工作，一定要重视基础，这是我们的强项，我们不能跟油田比谁定的井位准，但我们需要对盆地火山岩油气藏形成的背景加强研究，给油田勘探提供更大空间，这些嘱咐也一直指导我现在的研究。

激励我向前的背影

陈晓雨（华东师范大学地理科学学院）

我于 2005 年进入到中国科学院地质与地球物理研究所学习，师从刘嘉麒院士，从研究生到博士后，受到刘老师教诲和指导历时 8 年之久。

犹记得第一次去拜访刘老师，在他的办公室门外忐忑不安，因为要第一次如此近距离地与一个大科学家交流。见面之后，他印证了我从小读"科学家的故事"所形成的对老一辈的科学家的印象，在此基础之上他又多了一分幽默。刘老师和善的笑容、随和的态度让人如沐春风。

野外工作是开展地质工作的基础，刘老师非常重视。南极、北极、青藏高原、正在喷发的火山现场等很少有人去的地方，他都考察过。尤其在那些条件艰苦的年代，几乎需要全靠脚步来丈量每一寸走过的土地，他考察的足迹遍布大江南北。我读研时，刘老师已经六十多岁了。第一次跟随刘老师和团队成员们出野外是到长白山，令我这个小辈汗颜的是我要一路小跑才能跟得上刘老师矫健的步伐。仰望他爬山的背影，心中暗暗给自己鼓劲不能落后。采集岩石样品时，他会抢锤子给我们示范如何又快又好地从坚硬的玄武岩中打出一个标准的岩石样品，指导我们做好野外记录。每天早出晚归，为了把时间尽可能多地留在野外工作中，经常是在夜里赶路前往下一站，以便天亮就能开展工作。在我印象中最深刻的有两次：一次是在长白县，当地向导说山上有熊，请了部队的战士荷枪实弹跟随我们一起上山，并给我们看熊在树上留下的爪印；一次是在新疆北部，直直的道路一眼望不到头，开了几个小时的车也没有遇到其他的车和人，夜里从河谷中迷宫一样高高低低的沙堆旁绕过，在"Z"字形的盘山路上赶路，翻山前往下一站，在山顶一只白狐从车前灯所及之处跑过。这只是我曾参与过的野外工作，对比南北极、可可西里、火山喷发……，可谓是小巫见大巫。

在科研和教学之外，曾任中国科普作家协会理事长的刘老师非常关心和支持科普工作。他认为科普和科研创新同样重要，他多次在报告中提到"科学性是科学普及的灵魂。科学普及是科学家的天职，所谓天职就是没有价钱可讲，就是你必须要做的事情，就是你的责任。科学成果，科学技术只有被越广大的群众掌握，才能发挥更大的作用，才能发挥它的价值"。他写科普文章，他到全国各地做科普报告，学校、图书馆、科技馆……都留下了他的身影。他有时会把自己野外出发的时间推迟到夜里，腾出时间来做一场科普报告；一些偏僻的地方，来回耗费的时间很长，但他觉得偏僻的地方才更需要科普，付出的时间是值得的。

科研、教学、科普等各项工作占据了刘老师的日常，作为学生经常能收到刘老师凌晨 2~3 点钟回复的邮件。那时我经常疑惑刘老师怎么就不会累吗？慢慢地我明白了那是出于内心对工作的热爱，所以他工作起来精神抖擞、不知疲倦。刘老师年轻时喜欢文学，但为了减轻家里的负担，报考了免食宿、学费和书费的地质专业，艰苦的学习和工作岁月并没有给他留下疲惫和苦涩。他乐观豁达，干一行爱一行，努力把自己手里的工作做好，与人为善。

刘老师渊博的知识、深厚的学术积累、宽阔的视野观点、对学生教导勉励的话语无需多言。他无声的榜样力量一直就在那里。虽已毕业多年，但就像以前每一次跟随刘老师出野外一样，在我前进的道路上，刘老师是走在前面的背影，激励我跟随脚步，不断努力。

感恩刘老师

　　时间回到 2007 年，那时的我怀着一颗敬畏和崇拜的心，赶到中科院研究生院旁听刘嘉麒院士的"火山学"课程。在课上被他渊博的火山学知识、深厚的学术积累以及对中国火山所做的大量原创性的工作而震惊，言语间，更感受到他对学生和蔼可亲如慈父一般的品格，于是在心中默默决定一定要当刘老师的学生，报考他的博士。

　　作为一个学者，刘老师是我心中学习的榜样，他的学术研究领域广泛，从火山油气藏，到火山第四纪年代，再到火山构造等多个方面均有卓越建树。刘老师在做火山地质研究时非常注重野外的工作，强调样本的原位的重要性。回忆起来，在攻读博士期间，在和刘老师几次去长白山出野外的过程中，能够深深体会刘老师对长白山的深厚且独特的感情。据我所知，从 20 世纪 70 年代开始，刘老师就开始深入研究东北长白山火山地质，数十载的热血撒到了这片学术沃土上，当和老师讨论长白山火山地质时，既被他细致缜密的逻辑推理所折服，又被他时空演变的宏大地质思维所感染，能够和刘老师一起出野外，一起致力于长白山火山地质的研究，我感到无比荣幸和感谢。

　　刘老师对学生的培养和帮助在中科院地质与地球物理所是有口皆碑的。入学后，刘老师就找各种机会锻炼我，并且给予耐心的指点，同时还教导我"学术排第二，做人才是首位"，让我领略到德艺双馨的大家风范。作为老师，刘老师有时给人的感觉是一个严肃的学者，但有时候也感觉他是个亲近的"老小孩儿"，比如，有一次在刘老师办公室说到搞地质的人有一个好体格的重要性，年过 7 旬的他竟然说要和我掰手腕儿，而且毫不费力的掰赢了我。在他的影响下，我现在对自己的学生也是尽可能多地去了解他们的所需，尽可能多地去帮助他们。

　　如今，在恩师从事地质工作六十周年之际，学生愿他身体安康，桃李满天下！

我和我的导师

叶张煌（东华理工大学）

刘老师是中国著名的火山地质学家。我是他 2010 年带的博士生。十年过去了，特此写下点文字，回忆我与刘老师交往的点滴往事。

一、有一种品质叫关爱

2010 年春节过后，我前往中国地质大学（北京）进行博士（第四纪地质专业）入学面试，结果很顺利确定未曾谋过面的刘嘉麒院士为我的导师。此前，我一直在江西求学工作，见识很有限。面试完成之后，我匆匆回到江西抚州上班。回来之后，我写了一封邮件，跟刘老师把我学习和工作背景简单汇报了一下。当时离开学还有几个月时间，简单的喜悦过后，又重新开始了按部就班的工作。2010 年 5 月以来，我国江南和华南等地进入梅雨季节，江西出现大暴雨。2010 年 6 月 21 日，在浸泡了数天后的抚河干流右岸唱凯堤终于没有抵挡住来势汹汹的洪水，轰然一声坍塌决堤。十多万群众需要转移安置，东华理工大学抚州校区也被征用作为灾民安置点。我也作为学校的一份子，积极参与抗洪救灾的工作。

令我万万没想到是，此时我收到了刘老师的邮件，问我抚州灾情如何，有什么困难和需要什么紧急物资，他从北京寄过来给我。我当时感动得好久都没有缓过神来，静静伫立在窗口，望着还在淅淅沥沥下着的雨。没想到刘老师作为一个天天忙于科研的大科学家，是这样关心一个还没有见过面的学生，可见刘老师心之细腻和周到。这也是我心灵的一次洗礼。我也从教十余年，能像刘老师这样关心身边的学生吗？

二、有一种情怀叫育人

到北京求学之后，接触慢慢多起来。刘老师文笔好，曾担任中国科普作家协会理事长。知道我不是科班出身，经常鼓励我说，"你抛家舍业来北京求学不容易，要利用地质大学良好的教学平台把学科的基础知识补上"。因此，我在 2010 年下半年完成了博士阶段的学分后，2011 年跟着本科生至少蹭了十多门专业课，例如综合地质学、地史学、岩石学、矿物学、结晶学、矿相学、矿床学、地球化学、计算机在地球化学中的应用等，还跟着本科生一块进实验室，听各种各样的学术报告。我关于地质学的那点皮毛主要就是在这个阶段"偷学"来的。有一次室友跟我开玩笑，你这不仅是念博士，还多学了一个本科，应该给学校交本科的学费。现在再回首，真感谢刘老师给我的自由的学术空间和地大良好的学术环境，收获的不仅是地学知识，还有今生无法忘怀的回忆。

眨眼就到了博士开题之时，这不仅决定我今后的学术方向，还关系到我能否把实验做出来，把论文写出来。我记得刘老师花了近一个下午的时间跟我认认真真讨论博士论文的选题，期间提到了三清山地质地貌景观研究，中国东部的玄武岩分布和特征，玄武岩材料学等议题。刘老师多次走到挂在墙上的中国地质地貌图前凝望思考，最后决定让我研究三清山的花岗岩和地质地貌特征，让我先多读文献，想想三清山的工作还有哪些空白点，可以有所突破，最后我选定了三清山的隆升剥蚀作为我论文的创新点。这不仅研究地与工作地都在江西，方便出野外，还与我硕士阶段在龙虎山世界地质公园做的工作一脉相承。记得在讨论研究方向时，我有点想做东部玄武岩的特征和分布。说实话，以我的学术能力和专业背景，支撑不了这样一个研究课题。经过刘老师的点拨，我回到地质大学认真阅读文献，并以《三清山花岗岩地貌特征及其形成机制研究》为题成功申请了中央高校基本科研业务费专项资金，资助经费三万元，这在当时不是一个小数目，支撑了我很大一部分博士研究的实验费用。2011 年 6 月刘老师联系上了三清山地质公园管理局，带我出野外。安顿好我需要做的工作，我留在当地采样、收集资料和野外调查。博士论文送盲审前，我信心满满，对自己下了很大功夫写出来的东西不会有意外。结果不出所料，我的毕业论文外审获得一致好评，论文答辩也获优。答辩结束后，第四纪教研室程捷教授还特意跟我说，"我看了你的论文，写的不错"。2013 年 6 月，我没有多走一点弯路顺利取得了博士学位，而我的很多同学都没能按时毕业。现在回过头来看，刘老师量体裁衣地给我指点学术之路，他的学术远见和学术见解让我现在还走在这条道路上，受益终生。

后来我回到江西工作，但我们的师徒情谊未断，刘老师继续给我很多的指导和帮助，我也请刘老师到江西讲学。我能成为刘老师的弟子，三生有幸。刘老师伟大的人格魅力和敏锐的学术洞察能力至今还深深影响着我。

小世界而立中国

伍　婧（中国科学院地质与地球物理研究所）

一、世界怎么这么小

2011 年，我博士即将毕业，正在跟刘老师联系到中国科学院地质与地球物理研究所做博士后。我之前所在研究组里的胡雅琴博士和她的丈夫 Jens Mingram 回国探亲，顺便到我家做客。Jens 在位于波兹坦的德国地学中心工作（GFZ）工作，在交谈中，他提到自己在 J.F.W. Negendank 教授领导下的团队中工作，从 20 世纪 90 年代就和中国科学院地质与地球物理研究所开展了合作，而中方的负责人正是将要成为我博士后合作导师的刘老师。我当时就觉得第四纪的学术圈实在是太小了，怎么会这么巧，后来在中科院地质与地球所工作了九年多时间，我才知道是我最初的想法错了。

我进所工作的那一年，刘老师刚满 70 岁，那时候他就去过北极两次，南极一次，担任了三届国际第四纪研究联合会（INQUA）中国代表团的主席，在国际学术界享有极高的声誉。2014 年他主持的与德国合作的国家自然科学基金委员会重大国际合作研究项目开始执行，2015 年他申请的和以色列合作的基金委国际合作与交流项目获批。

我也曾有幸跟随刘老师出访过几次，分别是：2014 年，去墨西哥参加第五届国际玛珥会议（International Maar Conference）；2015 年，去日本的名古屋参加第 19 届国际第四纪研究大会；2016 年，去韩国参加长白山研讨会；2017 年，去以色列对死海和格兰高地的玛珥湖进行地质考察；2018 年，去德国参加地学研讨峰会；同年，再赴以色列参加死海钻孔研讨会。在墨西哥，由于刘老

2017 年 2 月 21 日在以色列死海进行野外考察

师的积极推动和努力，第六届国际玛珥会议确定由我们单位牵头在中国长春举办。在日本，INQUA 的会场中有许多刘老师的老朋友，招呼不断，大会主席 Yoshiki Saito 教授还主动过来与刘老师合影。为了表彰刘老师对 INQUA 的贡献，2019 年他被选为国际第四纪研究联合会荣誉会员。刘老师也非常鼓励学生们出国交流，每个学生都有一年出国一次的机会，而且如果有可能的话，还可以在国外进行长期的学习。以诚相待、不失底线，广泛的国际合作为刘老师赢得了极高的国际声誉。所以，不是学术圈太小，事情太巧，是世界对于足迹遍布七大洲的刘老师来说太小。

二、以火山研究立足中国

比起第四纪地质学，刘老师对于科学研究的贡献更多地还是体现在火山学方面，是我国唯一一位从事火山学研究的院士。在刘老师的积极争取和组织下，第六届国际玛珥会议（The 6th International Maar Conference）于 2016 年 7 月 30 日至 8 月 3 日在吉林省长春市隆重召开。这是该系列国际学术会议第一次在亚洲举办。来自澳大利亚、哥斯达黎加、德国、法国、以色列、意大利、日本、朝鲜、韩国、墨西哥、新西兰、西班牙、罗马尼亚、俄罗斯、英国和中国的近百名代表出席了会议，刘老师任大会主席。会议顺利闭幕之后，刘老师被任命为 IAVCEI 单成因火山委员会的联合主席，极大地提升了中国火山学研究在世界范围的影响力。这次会议从筹办到顺利召开大约历时一年。在各项准备工作中，刘老师都给了我极大的信任，使我能够放开拳脚、自主工作。正是刘老师这份对于晚辈和下属的信任，使得整个课题组表现出极强的凝聚力，在火山学和第四纪地质学研究方面齐头并进。

刘老师的研究范围广泛，除了前面提到的火山学和第四纪地质学以外，还包括火山岩油气藏、玄武岩纤维材料和地质公园等，始终立足中国火山，且皆有成就。他所做的一切都是希望对火山灾害进行预测防御、对火山资源进行开

2018 年 9 月 28 日德国波兹坦地球科学高峰研讨会

发利用，最终实现强国富民的目标。年近耄耋之年，刘老师依然笔耕不缀，甚至在候机、候车的间隙也不忘工作。刘老师兢兢业业的工作精神、废寝忘食的工作态度、高效严谨的工作方法都值得我用一生的时间学习。

愿刘老师桃李满神州！

学高为师　身正为范

陈双双（中山大学地球科学与工程学院）

　　适逢恩师、中国科学院院士刘嘉麒从事地质工作六十周年。为此，我们同门老师和学生合作编撰了《长白山火山》《云南腾冲火山》《玄武岩纤维及应用》等几本书，这几本书也是恩师刘嘉麒院士毕生科学研究的成果。

　　时常感慨，如果我在研究生阶段没有遇上刘老师，我的命运会截然不同。2012 年我毕业于中国地质大学（武汉）地质学专业，当时幸运地获得保研的机会，在我这个没见过世面的大学生眼里，中国科学院是个令人向往但似乎又高不企及的地方，于是毅然决然的选择去中国科学院地质与地球物理研究所读研究生。我将这个想法与本科导师郑建平教授商谈之后，郑老师推荐我加入德高望重、学识渊博的刘嘉麒院士团队，并告诉我在刘院士的教导下以及刘院士团队的帮助下，我一定会有更好更高的平台以及更多的科研收获。仍然清晰记得第一次与刘老师的见面。见面之初我甚是紧张，无数次排练演习跟刘老师见面交谈的种种细节，担心会有不得体不礼貌的地方。但是当我见到刘老师的时候，这些紧张担心都不存在了，因为刘老师在我眼中，俨然就是一个和蔼可亲、文质儒雅、慈眉善目的爷爷形象。并且第一次跟刘老师的交谈中，刘老师就将我未来的研究方向、研究思路都确定下来，仍然记得当时交谈之后，觉得自己未来道路清晰可见的舒畅感和愉悦感。因此我也很顺利地加入了刘嘉麒院士的团队，开始了我的紧张而愉快的研究生读书生活。

　　刚进入研究生学习阶段并不是很顺利，因为不知道该如何确定研究课题、如何开展研究。所以就只好每天读英文文献以获取研究思路，而那时对于我来讲，读文献是一件很痛苦的事情。于是我将我的困扰告诉刘老师以寻求解决方法，刘老师虽然工作繁忙，但是他对于学生的教育和培养是极其耐心和一丝不苟的。依稀记得那次的交谈让我瞬间思路清晰，根据我的文献综述和思路总结，刘老师指点迷津地给我指出我该如何开展研究工作（所以刚进入研究生阶段的学生，如果你不知该如何开展研究工作，一定要跟导师多交流多沟通，这样会比自己一个人闭门造车的效率高很多）。那次的交谈瞬间给我指明了研究方向和具体工作，当时就确定需要去日本高知大学获取国际大洋钻探的岩石样品。将所有申请材料准备好，准备要出发去日本之际，刘老师重新安排了自己手头的行程，跟我一起去了一趟日本高知大学。由于日本高知是一个小城市，所以从北京去日本高知，需要转乘两次飞机，而且每次转机都需要在机场等候很久，这件事情让我现在都觉得有点对不住刘老师。因为刘老师当时已经 70 多岁了，陪着我在机场转机的时候，等候了接近 10 个小时，现在我还记得刘老师当时疲惫不堪的神情，现在想来都觉得心里很是愧疚。这次的日本之行，多亏了刘老师的陪同，因为当时的我英语口语很差，而且也很羞涩不敢与日本学者交流，所以全程在刘老师的帮助下我才得以顺利获取了岩石样品。从日本回程的路上，跟刘老师感慨如何才能提高自己的英语口语呢？才知道刘老师学生时代并没有学习英语，而是学习的俄语，英语是刘老师 40 多岁工作以后自己自学的，当时我真是很佩服刘老师这样的学习能力和学习精神。

在刘老师的指导下，顺利完成了人生中第一篇有关于日本海新生代火山岩的研究，此后接下来的研究就顺利很多。刘老师也给予了很多机会和平台，后续又获取了西太平洋板块的深部火山岩样品，并参加了韩国大陆钻探计划，赴韩国访问交流。在博士生阶段，刘老师指导我如何读英文文献，如何写学术论文报告，如何有效与学者交流讨论，使我在踏上学术研究道路之初就养成了独立钻研、相互切磋、敬畏学术的优良学风，这使我受益终身。如果没有刘老师的谆谆教导与悉心培养，就没有我的学术生命。刘老师除了指导我如何做学问做研究，还言传身教做人的道理，确切地说，应该是身教远远多于言传，教我们认真做人、做真正的人。在和我们这些年轻学生相处时，无论是在工作上还是在日常生活中，刘老师总是平等相待，谦和可亲。

转眼在刘老师的团队已整整 7 年时间，在这 7 年时间里完成博士学位和博士后工作。然而刘老师对于我的栽培，绝不仅仅限于这 7 年的学习工作期间，对我今后的科研之路都起到了非常重要的影响。我的这些刻骨铭心的经历和感受，相信也是同门子弟的共同经历与感受，人同此心，心同此理。作为刘老师的学生，我们总是心怀感恩，认认真真做人，兢兢业业于学业和事业，都是受了恩师刘嘉麒院士潜移默化的深刻影响的结果。刘老师之所以受到我们这些学生的敬重与爱戴，他的道德品格在圈内外有口皆碑，都不是偶然的。

古人云："学高为师，身正为范。"又云："师者，所以传道授业解惑也。"刘嘉麒院士不仅以其言行影响了我们这些后辈学子的人生取向，而且也再恰切不过地诠释了"师者"的含义。

十年求学路　一世师生情

高金亮（中国石油勘探开发研究院）

2021 适逢恩师刘嘉麒院士从事地质工作六十周年，至此，跟随刘老师学习已近十年。十年间，太多点滴值得回忆、太多话语值得铭记。刘老师不仅是我学业的引路人，更是我人生格局的塑造者。每每忆起追随恩师学习的点滴，无限感激便涌上心头。这里仅以些许文字记录和回忆与恩师相处的美好日子。

与刘老师的初识源自一场学术报告会。2010 年 5 月，刘老师受邀赴中国石油大学（华东）作学术报告，正值本科阶段学习的我第一次有了与院士面对面的机会。报告所讲内容已有些模糊，但老师亲切和蔼的态度、阳光热情的微笑却历历在目。感受到学术大家带来的震撼，我心中便萌生了追随院士进行研究生阶段学习的想法，但对于那时的我，这样的想法似乎有些遥不可及。2011 年 9 月，已经进入大四阶段的我对于自己的未来去向十分迷茫，恰逢此时，资源系任拥军教授询问我是否愿意保送至中科院地质与地球物理研究所并师从刘嘉麒院士，这样的消息对于当时的我来讲是有些梦幻的，曾经的奢望即将变成现实，心中激动溢于言表。2011 年 10 月，我赴京参加研究生面试，面试结束后，第一次坐到刘老师面前，老师详细地询问了本科期间的学习情况及遇到的困难，与我细致地讨论将来的研究方向。面对老师热切的关心和期盼，我才真切的意识到：我终于成为了老师的学生。

2012 年 9 月，我正式进入中国科学院研究生院进行学习，在研究生院的一年中，刘老师为我们教授"火山学""第四纪地质与环境"等课程，当时老师已经 72 岁，但课堂上总是热情洋溢、不知疲倦。课程结束后，刘老师总会与参加课程的所有学生合影留念，每张留影背后都是老师对青年学生无私的关爱、对地学事业传承殷切的期待。时至今日，刘老师已经连续为研究生授课超过 30

年，这样一份"成绩"，甚至比学术论著更有价值。回想起来，正是老师研究生一年级授课时的鼓励和引导，才真正激发起我对科研的兴趣，才真正让我明白科研是一项事业，而非谋生工具。

结束一年的集中学习后，我回到研究所开始真正的研究生生涯。回所之初，我便面临一个急迫的问题：论文选题。在当时的认识里，论文选题应该为导师指派，学生不需作过多考虑。因此，第一次与刘老师关于论文选题的交流让我倍感焦虑，刘老师当时仅建议从事火山岩油气藏领域的研究，但对于聚焦于哪个方向并未给出明确建议，而是要求首先广读文献，自己初步选定研究方向后再作讨论。当时，由于英文阅读水平有限，因此在文献阅读过程中遇到了极大的困难，因此，也对刘老师的这一建议产生过不理解，觉得文献阅读有些浪费时间。但是，现在回想起，正是那近半年的文献调研，才培养起文献阅读与总结、科学问题提炼与延伸等基本科研素养。也正是这种自主选题的模式，让我对博士期间的工作产生了极大的兴趣和期待。刘老师虽然从严苛的传统教育模式中一路走过，但对于学生的培养却极具现代智慧，开放式、引导式的教育方式让我在研究生及现阶段的科研工作中受益匪浅。

最终，我的博士论文选题定为"松辽盆地岩浆流体生烃效应"这一基础研究领域。但由于本科主要研修石油地质学及沉积学方面的课程，在岩浆作用方面的基础极为薄弱，这使得我在后续两年的工作中非常吃力，一度丧失了对于科研的信心。也正因如此，在研究生三年级时，我甚至非常坚定的想要放弃读博士的想法。就在这关键阶段，刘老师一次次与我谈心，在办公室、在家中、在天台，记忆尤深的是老师用略带戏谑的口气说道："这点小困难就坚持不住了？"一次次的长谈中，我深深地感受到，面前这位老人除了拥有院士的威严，更有亲人般的和蔼。刘老师一面是导师，一面是爷爷，用最朴实的话语、最真挚的关爱帮助、激励着后辈。正是刘老师那时耐心的劝导和鼓励，才使我顺利度过了研究生学习阶段最艰难的时光，才使我有幸在科研道路上一步步走下去。

在随刘老师学习的近十年间，除了学术方面的传道授业解惑，更多的感激来自于老师对学生亲人般的关爱。从研究生入学之初面对老师时的满心敬畏，到现今与老师间的至亲之情，十年时光让我真正体会到"爱徒如爱子，尊师如尊父"的师徒情深。刘老师对学生的关爱渗透于生活、学习的每一个细节。第一次深受触动是在 2014 年 9 月随刘老师前往土耳其参加美国石油地质学家协会（AAPG）年度会议的旅途中。那是人生第一次走出国门、第一次乘坐长达 10 小时的飞机、第一次参加国际学术会议，兴奋之余更多的是担心，担心旅途中由语言问题引发的尴尬，担心由于安排不周而使已经 73 岁的老师身体不适。刘老师可能察觉到了我的担忧，出发前便与我讲起他出国考察和参会的所见所闻，从南北两极到火山之巅，部分旅途甚至充满凶险，我如同听故事般饶有兴趣地听着，慢慢地竟也平静下来。登机后，正当我担心刘老师是否能够适应近 10 小时的飞行时，刘老师竟慢慢走到我的座位前，叮嘱要尽量睡一会儿，以免倒时差太辛苦。飞行途中，刘老师又几次走到座位前询问有无不适。开会间隙，刘老师还会常常帮我拍照留念。作为随行学生，本应照顾老师的我却受到了老师无微不至的照顾。此行中，刘老师的举动令我感动良久，感动于一位年逾古稀的老人、德高望重的院士对学生竟有如此至亲般的关爱。自此，作为学生，在对刘老师的敬重与爱戴之外更增加了一份亲切和感激。

2018 年博士毕业后，我进入中国石油勘探开发研究院从事博士后研究工作。毕业前，刘老师多次叮嘱：科学院与企业研究院定位不同，对人才的需求也不同，一定要转变思想，尽快适应企业工作环境。即便对新的工作环境有所准备，但在入职之初依然有些不适应，其间几次向刘老师诉说和求教，如同在外迷茫的孩子回家向父母寻求安慰一般。博士后两年间，刘老师一直关注着我的课题进展，也常常谈及我对未来工作的打算，并会像父母一般偶尔聊起悬而未决的"个人问题"，帮我为科研和生活上遇到的困难出谋划策。十年的追随，刘老师在我心中已不仅仅是导师，更是亲人，一位学业上可提供指导、生活中可给予帮助的全能"爷爷"。

在刘老师的帮助下，我从一个农村娃一步步走上科研岗位，命运第一次发生了转折。十年间，恩师对科学事业一丝不苟的态度，不断激励我在科研道路上奋力前行；恩师的慈父般关爱与鼓舞，无数次给予我直面困难的勇气和力量。

忆 嘉 师

张 磊（中国地质科学院地质研究所）

刘老师一辈子从事火山研究，将中国的火山研究从传统的岩石地化方向，拓展到了火山与气候、火山油气藏、火山岩与新材料、火山与地热等方向，开拓了火山研究的新领域，同时也推动了传统的地质基础科学研究与国家发展需求的紧密结合。中国的新生代火山，刘老师几乎全都到过；世界的火山，也不乏他的足迹。刘老师把毕生的精力都献给了火山事业。火山是刘老师的底色，但我却几乎没怎么见过刘老师发火。

刘老师脾气很好，和蔼可亲，很少发火。记得刘老师最生气的一次，是我们开组会，因为工作做得不够好，刘老师严厉批评了我们几个学生说："平时都在忙什么？"其实我们知道，这恨铁不成钢的气话背后是刘老师对我们深深的爱。这是我见到刘老师火气最大的一次。

刘老师其实很有文学才华，他说当年高考的时候是想报文学类专业的，但因为当时家里比较困难，听说学地质不用交学费还发补助，所以才选择了地质。但即使从事地质事业也掩盖不了刘老师的才华，刘老师后来担任中国科普作家协会的理事长，经常撰写科普文章，比如《科普是科学家的天职》《科普至少得不俗，最好能不朽》等，字里行间都闪烁着刘老师的新思想和文学才华。

做人做事做学问，做人是第一位的。刘老师接触的人很多，有外国友人、有科学家、有政府领导、有企业高管……，只要刘老师接触过的人，哪怕只有一次，他基本都能记住对方的名字，真是令我们敬佩。每逢年底，刘老师都会给国外朋友发送圣诞电子贺卡，几十年来，从未缺过。在我们看来这好像是老掉牙的传统了，但刘老师总会记着这件事，不管多忙，总会提前准备圣诞贺卡，送去祝福。虽然刘老师直接给我们讲做人的道理的机会并不多，但身教往往胜于言教，所以他总是用行动来告诉我们。我第一次去刘老师办公室拜访刘老师的时候，刘老师亲自给我倒水，让我这样一个毛头小伙倍感受宠若惊。

"万物皆有道，做人最重要"是刘老师总结出来的一句人生格言。这还是一次周末的偶然机会我到刘老师家里帮忙修电脑时看到的，尽管刘老师从未跟我们讲过这句话。但是我想，刘老师确是悟出了做人的真谛。他是这么想的，也是这么做的，他的一生就是这句话最好的例证。用现在的流行语来说，这是刘老师的金句。其实，刘老师金句很多，只不过它是我从刘老师身上学到的最深刻的一个，这句人生格言也成了我的座右铭，在生活和工作中时时警醒我。

谨以此诗感谢刘老师多年来的培养和教导。

火 山 拓

火山为底志凌霄，
开拓玛珥国际遥。
油气藏火反寻常，
玄武拉丝技更高。
隐却文学赤子梦，
天职科普媲文豪。
学问最深何处觅？
为人处世第一要。

愿一直追随刘老师

李　婷（澳大利亚詹姆斯库克大学）

我是刘嘉麒院士吉林大学的硕士研究生，后在刘老师建议下，考取了澳大利亚詹姆斯库克大学博士，并获得全额奖学金。

20 世纪 80 年代是国际活动火山研究的重要发展时期，美国、日本、意大利等国家已经开展了系统的火山监测与研究，而中国的火山工作刚刚起步，甚至大部分人认为中国没有活动火山。在这样的背景下，中国涌现出一批杰出的活动火山研究学者，刘老师更是率先阐明了我国火山的时空分布和岩石地球化学特征，使我国新生代火山规律的研究达到国际水平；查证了西昆仑阿什火山1951 年的喷发活动，并在内蒙古、吉林、海南等地发现多处活动火山，改变了人们认为中国没有活动火山的观念；推广的玄武岩高新绿色材料已纳入国家发展规划；开拓了中国玛珥湖高分辨古气候研究的新领域，开拓了火山岩中寻找油气藏的新领域，推进了火山资源的保护和利用，推进了火山灾害的监测和预防，是我国火山和玛珥湖古气候研究领域的开拓者和领军人。而我有幸成为刘老师门下的一名弟子，跟老师学做人、做事、做学问。

"读万卷书，行万里路，历万端事"。刘老师一步一个脚印的实践，对此做了极好的诠释。老师出身于辽宁北镇普通家庭，为了减免学费和生活补贴，报考大学时选择了地球化学专业。1978 年担任吉林冶金地质勘探研究所同位素实验室主任时，刘老师再次考入中国科学技术大学研究生院，成为中国恢复高考后的第一批研究生，并一步一步成为中国科学院地质研究所所长、中国科学院院士。刘老师十进长白山，七上青藏高原，三征北极，两入南极，考察访问了多个国家，足迹踏遍世界七大洲、四大洋。刘老师经历了种种险阻，并最终化为夷途：西昆仑倒入急流被救，喀拉喀托火山喷发前紧急撤退，可可西里通宵寻找迷路后勤车，可可西里无人区风雪夜下山……每次想想老师经历过的苦和难，我都觉得自己所经历的挫折无足挂齿，不过是生活中的"泥丸"。

在我的印象中，刘老师是一个有担当、敢担当，对学生负责到底的人。刘老师是吉林大学地球科学学院客座教授，我于 2012 年保送至老师门下，学籍属吉林大学。入学之后，我进入角色非常慢，一度迷茫、不知前进的方向，一年半时间转瞬即逝，没有任何成果。刘老师很失望，我以为他已经放弃我这个差等生了。后来，他通过严厉批评将我领上"正道"——我开始写读书报告、赴长白山采样、到中国科学院地质与地球物理研究所兰州油气资源中心测量火山气体组分，碳、氦、氖同位素，并在郭正府老师和刘老师的指导下完成期刊论文和毕业论文。

刘老师也是拥有大格局的人。2014 年由老师课题组组织召开长白山火山国际交流会，期间一个环节是野外考察。他看到自己的学生在考察的时候总聚在一起，就生气地说："请其他国家的科学家参会，就是为了交流，你们只自己跟自己玩儿，那开国际会议有什么意义！"于是，在之后参会的时候，我就主动去认识其他机构的科学家，了解别人在做什么、用什么方法，并思考有没有值得学习、借鉴之处。刘老师经常教育我们花着纳税人的钱，就要想着用什么回报纳税人；所做的工作要对社会有用，而且还要让更多人了解你的工作。要考虑所做的题目对科学、对人类和社会进步有什么用？科研的最终目的就是要回报社会，为人类谋福祉，否则搞科研干嘛？

我印象最深的是老师的一句金句"要拼搏就到最前沿、最有冲击力的地方去！"刘老师是新中国成立后培养的第一批博士，做学位论文的时候，敢于将同位素测年法应用于新生代火山岩——这是当时学界普遍认为难以攻克的难题。通过三年多时间，刘老师成功测出一批高水平的钾–氩新生代火山岩年龄，并经受住了国内外同行的检验，直到现在都为国内外同行认可和引用。刘老师说："科学的本质就是创新，就是做别人没做过、没做好的事情；就是标新立异，无中生有；这也是科学本身的规律和要求。重复、跟踪没劲，顶多是别人工作的延续，没多大出息。"他敢为天下先的胆识，敢于创新的魄力，力求一锤定音的治学风范深入我心。

　　刘老师在题为《通晓万物 纵览天下——刍论地球科学文化》的报告中强调，地球科学工作以天地为己任，山川作课堂，揭宇宙之奥秘，探地下之宝藏，为人类谋福祉，助国家变富强。这既是刘老师对地学工作的高度概括，也是老师毕生的追求。刘老师70多岁高龄后，仍然关注着我国的火山研究和监测事业，重视年轻人才的培养，活跃在国内和国际火山和玛珥湖等科研领域，并积极开展科普工作，是后辈科学工作者的榜样。

言传身教感悟多

孙智浩（中国科学院地质与地球物理研究所）

      第一次见刘老师是在前年。见面之前想到要去见院士，我心里异常忐忑和紧张，敲开门之后最先看到的就是刘老师的笑容，之后招呼我坐下给我拿水，非常和蔼亲切。这次见面，刘老师跟我聊了一些我的专业方向、研究兴趣，学习情况等，还叫来了研究组里的成员，介绍我们相互认识。第一次见面就在非常轻松愉快的氛围中进行，完全没有我之前想象的那种紧张和忐忑。我也非常开心，能够加入刘老师的研究组开始我的研究之旅。

      再次见到刘老师就是在刘老师的学术报告会上。见到刘老师之后，他笑着跟我打招呼，耐心询问我近期学习还有毕业论文的情况，之后我听了刘老师的报告。刘老师全程讲了两个小时，报告中引用了大量的事例，从我们身边的小事上升到国家乃至全球的问题，通俗易懂幽默风趣，充满了带入感，不仅仅将知识传授给我们，在报告中充满了刘老师对国家发展的强烈责任感和使命感，以及对我们这些学生努力学习、努力成才、为国贡献的殷切期望和深深嘱托。报告结束之后，刘老师认真回答每个同学的问题，拿起同学带来的手标本，手把手地教同学怎样判别手标本上的现象，从基础的理论知识到具体的实践操作，一点一点地给同学们讲解，充分满足同学们的求知欲，直到必须离开去赶飞机。

      在雁栖湖进行集中教学，刘老师为我们讲授"第四纪地质与环境"这门专业课。课前刘老师都会重新梳理讲课的内容，整理完善PPT，每次上课都会吸引很多没有选课的同学前来学习，教室的过道里都坐满了人。九月份的雁栖湖天气还比较热，年届八旬的刘老师每次都要站着讲完三个小时的课程，衬衫往往都会被汗打湿，但是每次课刘老师都面带笑容充满激情，认真地为大家传授知识，其中穿插许多刘老师从事地质工作的难忘经历，让大家充分感受到这个专业的乐趣和意义。在刘老师的课上学到的不仅仅是一些理论知识和专业本领；更多的是一些深刻的人生和从学道理，刘老师将这些道理用一些简单的语言阐释，更加容易理解和接受；还有一种精神，一种对国家、对地质事业的热爱。

我在刘老师口中听到最多的话就是："我有现在的这些成绩都离不开国家的培养，我从事地质工作这些年来，国家给予了大量的经费支持和帮助，我要做出一些贡献来回报国家、回报人民。"在刘老师身上充满了对国家和人民的热爱和感恩，他努力做更多的工作来为国家和社会的发展尽一份力。

我真正开始了解和接触刘老师只有不到两年的时间，因此对于刘老师身上的精神和魅力理解和感悟得并不十分充分，但是目前从刘老师身上学到的东西也足够让我受用终身。我也还有充足的时间继续向刘老师不断地请教和学习，我与刘老师之间的故事也未完待续……

火山火热　代代相传

张茂亮（天津大学表层地球系统科学研究院）

　　我的导师郭正府研究员的导师是著名的火山地质与第四纪地质学家、中国科学院院士刘嘉麒。2021 年适逢刘老师从事地质工作六十周年，我非常荣幸能够作为刘老师学生的学生，谈谈我心目中的刘老师。

　　回想起来，我第一次听说刘老师的名字大概是在 2009 年 4 月初。当时我通过了中国科学院地质与地球物理研究所的硕士研究生复试，师从郭正府研究员，学习火山学。从入学前的实习阶段起，我就从郭老师和其他同学那里了解到我们国家的火山学泰斗刘嘉麒院士。对于刚刚大学毕业的我来说，能够加入刘老师领导的火山学研究团队是何等的荣幸。研究生第一年，我们在中国科学院研究生院玉泉路校区进行专业基础课的集中学习。由于不熟悉课程设置情况，我错过了刘老师主讲的"第四纪地质与环境"，所以我初次见到刘老师是在 2010 年春天的"火山学"课上。后来我才更多地了解到，刘老师已经连续 30 多年在研究生院讲授"火山学"和"第四纪地质与环境"等课程了。

　　刘老师和蔼可亲，平易近人，对学生总是慈眉善目的，是一位非常有个人魅力的老师和长辈，深受学生们喜爱。他学识渊博，善于将书本上复杂的知识讲得通俗易懂；谈吐风趣幽默，常常乐于和学生们分享他丰富的人生阅历，教给我们做人做事的道理。事非经过不知难，直到近几年我才切身地体会到，刘老师几十年如一日默默奉献在三尺讲台上教书育人所付出的汗水和背后的辛劳。2014 年的秋季学期，我读博士二年级时，刘老师将"火山学"课程的"接力棒"交给了郭正府老师（当时刘老师仍在讲授"第四纪地质与环境"课程），我也因此担任了郭老师的课程助教。其时正值中国科学院教育体制改革，我入学时的中国科学院研究生院已经更名为中国科学院大学，地学院本部也由石景山玉泉路搬迁到了怀柔雁栖湖。跟随郭老师上课的一天通常是这样的：我们上午 10 点左右从所里出发，上完课再回到所里时往往已经是晚上 6 点之后了，来回花费在路上的时间接近 5 个小时。仅仅是作为一名助教，而且是年轻一辈，经过一天的舟车劳顿，我都常常感受到身体上的疲惫和精力上的不济。可以想象，除了舟车劳顿以外，刘老师接近 3 个小时站在讲台上授课经历的是怎样的辛苦！更让我钦佩的是，刘老师连续 30 多年坚持为研究生授课，可谓是风雨无阻，从玉泉路到雁栖湖都留下了刘老师默默奉献在教育事业上的足迹。

在教书育人方面的另外一点感想，是我入职天津大学之后体会到的。从个人角色上来说，我目前正在经历由科研人员向高校教师转变的时期，后续会逐步开始为本科生和研究生讲授"火山学"以及其他相关的课程。在设计教学大纲、撰写教案、准备课件和讲义等具体过程中，我深刻地体会到为了上好一节课，老师需要下多少功夫。特别是备课部分，回想起刘老师对知识点深入浅出的讲解，那些发人深省的真知灼见，那些信手拈来的生动案例，那些字字箴言的人生感悟，无一不体现出刘老师深厚的学术功底和丰富的人生经验！刘老师对教育事业持之以恒的奉献精神将不断地感召我，为成为一名合格的高校教师而继续努力。

我在中国科学院地质与地球物理研究所度过了 10 年时光，包括 4 年硕士、3 年博士和 3 年博士后，这是我迄今为止的人生中最重要的 10 年。受郭老师邀请，刘老师担任了我的硕士学位论文答辩、博士学位论文答辩和博士后出站报告会的主席，毫无疑问是我学习和工作生涯各个阶段最重要的见证者。在郭老师的指导下，我有幸参与了长白山、腾冲、五大连池以及青藏高原及其周边地区的火山学和深部碳循环研究工作。当我真正开始从事科学研究的时候，我才深刻地感受到刘老师对我国火山学发展做出的卓越贡献。特别是在实验测试技术受限的 20 世纪八九十年代，他对我国新生代火山岩年代学框架作出了准确约束，测试结果久经验证，时至今日仍具有非常高的参考价值，显示了刘老师学术研究的前瞻性。站在巨人的肩膀上，才能看得更远。我庆幸这个时代有刘老师这样杰出的科学家，为后来人树立了学习的榜样，照亮了前进的道路！

2016 年 5 月刘嘉麒院士参加博士学位论文答辩会

刘嘉麒院士（左 5）、郭正府老师（左 6）、贺怀宇老师（右 1）、汉景泰老师（右 2）、樊祺诚老师（右 3）、赵海玲老师（右 4）、李霓老师（左 1）、储国强老师（左 2）和郑国东老师（左 3）参加孙春青博士（左 4）和本文作者（右 5）的博士学位论文答辩会

　　辛勤耕耘数十载，如今桃李满天下。我的导师郭正府老师常对我说，刘老师对我们年轻一辈是抱有殷切期望的。作为晚辈后生，我非常感恩能够在刘老师领导的火山学研究团队学习成长。倘若今后我能成为刘老师和郭老师学术上称职的传承者之一，对我来说已是极大的肯定了。前路漫漫，我深感重任在肩，但想到刘老师的殷切期望，我内心备受鼓舞，必将上下而求索。

附　　录

刘嘉麒院士指导的研究生（包括博士后和留学生）简表

序号	姓名	性别	入学时间	学位/学历（含博士后）
1	宋春郁	女	1992	硕士
2	王文远	男	1995	博士
3	郭正府	男	1996	博士后
4	张国平	男	1996	硕士
5	骆祥君	男	1997	博士后
6	刘 强	男	1997	博士
7	董 冬	男	1998	博士
8	贺怀宇	女	1998	博士
9	曹 瑜	男	1999	博士后
10	张年富	男	1999	博士
11	隋淑珍	女	1999	博士
12	倪云燕	女	1999	博士
13	陈 锐	男	2000	博士
14	马硕鹏	男	2002	博士
15	游海涛	女	2003	博士
16	刘玉英	女	2004	博士
17	徐柯健	女	2004	博士
18	江东辉	男	2004	博士
19	黄石岩	男	2004	博士

序号	姓名	性别	入学时间	学位/学历（含博士后）
20	刘文业	男	2004	博士
21	蔡文晓	男	2005	博士
22	隋建立	男	2005	博士
23	陈晓雨	女	2005	硕士/博士
24	孟凡超	男	2005	博士
25	路 放	男	2005	博士
26	蔡传强	男	2006	博士
27	路玉林	男	2006	博士
28	赵宏丽	女	2006	博士
29	李志军	男	2006	博士
30	张玉涛	男	2007	博士后
31	张建伟	男	2007	博士
32	穆 燕	女	2007	博士
33	葛 川	男	2007	博士
34	颜丽虹	女	2007	博士
35	贾红娟	女	2007	博士
36	刘 伟	男	2009	博士后
37	李 欣	女	2009	博士
38	李红南	女	2009	博士后
39	刘亚雷	男	2009	博士
40	吴 梅	女	2010	博士
41	李茂娟	女	2010	硕士
42	刘嘉丽	女	2010	博士
43	赵红梅	女	2010	博士

序号	姓名	性别	入学时间	学位/学历（含博士后）
44	叶张煌	男	2010	博士
45	伍婧	女	2011	博士后
46	殷志强	男	2011	博士
47	郭文峰	男	2011	博士
48	孙春青	男	2011	硕士/博士
49	张耀玲	女	2012	博士
50	张磊	男	2012	博士
51	高金亮	男	2012	博士
52	陈双双	女	2012	博士
53	丁磊磊	女	2013	博士
54	句高	男	2013	硕士
55	李婷	女	2013	硕士
56	徐青鹄	女	2014	博士
57	朱泽阳	男	2015	硕士/博士
58	刘丹	女	2016	博士后
59	韩凌飞	男	2016	博士
60	张斌	男	2016	博士
61	张蕊瑶	女	2017	博士
62	孙瑞	男	2017	博士
63	卢嘉欣	女	2018	硕士
64	Z. Sajid	男	2018	博士
65	丁宝明	男	2018	博士
66	刘晓燕	女	2019	博士
67	孙智浩	男	2019	博士

序号	姓名	性别	入学时间	学位/学历（含博士后）
68	潘　洋	男	2019	硕士
69	苗世坦	男	2020	硕士
70	杨红芳	女	2020	硕士
71	张　敏	女	2020	博士
72	张旭萌	女	2020	硕士
73	成炳宇	男	2020	硕士